含章 🔪❤️
新实用

阅读图文之美 / 优享健康生活

世界名犬轻图鉴

张海涛　主编　含章新实用编辑部　编著

R 江苏凤凰科学技术出版社·南京

图书在版编目（ＣＩＰ）数据

世界名犬轻图鉴 / 张海涛主编；含章新实用编辑部
编著. — 南京：江苏凤凰科学技术出版社, 2023.2
ISBN 978-7-5713-3353-9

Ⅰ.①世… Ⅱ.①张… ②含… Ⅲ.①犬 – 世界 – 图
集 Ⅳ.①S829.2-64

中国版本图书馆CIP数据核字(2022)第233415号

世界名犬轻图鉴

主　　　编	张海涛	
编　　　著	含章新实用编辑部	
责 任 编 辑	倪　敏	
责 任 校 对	仲　敏	
责 任 监 制	方　晨	

出 版 发 行	江苏凤凰科学技术出版社
出版社地址	南京市湖南路 1 号 A 楼，邮编：210009
出版社网址	http://www.pspress.cn
印　　　刷	天津睿和印艺科技有限公司

开　　　本	718 mm × 1 000 mm　1/16
印　　　张	13
插　　　页	1
字　　　数	395 000
版　　　次	2023年2月第1版
印　　　次	2023年2月第1次印刷

标 准 书 号	ISBN 978-7-5713-3353-9
定　　　价	49.80元

图书如有印装质量问题，可随时向我社印务部调换。

前言

　　狗被喻为我们人类最忠诚的朋友，聪明、乖巧的它们，给我们的生活带来了无数欢乐。在大街上，我们偶尔可以看到聪明的导盲犬正带着它的主人前行；在牧场上，忠诚的牧羊犬正在替主人守护着羊群；在小路上，调皮可爱的小狗正陪主人悠闲地散步……那么，你知道这些狗狗都属于哪一类型吗？你对它们又有多少了解呢？

　　据不完全统计，世界现存的犬种有 400 多类，其中常见的有 200 多类，如贵宾犬、吉娃娃、杜宾犬、西施犬、牧羊犬、北京犬……不同种类的犬习性各异，有的性格温顺，有的领悟力高，有的容易饲养，有的则喜欢运动。它们的用途也有所不同，有的可起陪伴作用，有的可作看护和猎手，还有的则可利用其灵敏的嗅觉作"搜救"用，等等。由于不同类犬的习性和用途千差万别，即使拥有多年养犬经验的人也不可能全都了解，更何况是初次养犬的人呢？因此，我们专门为养犬人群打造了这本《世界名犬轻图鉴》。

　　本书收集了 166 种"人气宠物犬"，详细介绍了每种犬的别名、寿命、主要用途、基本特征、性格特点、身高、体重、喂养常识、饮食护理等，以加深人们对犬类的认识，让人们既能了解犬类的基本常识，又能从中收获无限乐趣，相信读完此书的你一定会大有收获。

第一章 小型犬

哈瓦那犬

· 38 ·

骑士查理王猎犬

· 39 ·

墨西哥无毛犬

· 40 ·

小型德国狐狸犬

· 41 ·

迷你贵宾犬

· 42 ·

罗成犬

· 44 ·

日本狆

· 45 ·

科克犬

· 46 ·

巴吉度犬

· 47 ·

瑞典腊肠犬

· 48 ·

迷你腊肠犬

· 49 ·

科克尔犬

· 50 ·

比格犬

· 51 ·

贝德灵顿梗

· 52 ·

曼彻斯特梗

· 53 ·

边境梗

· 54 ·

凯恩梗

· 55 ·

湖畔梗

· 56 ·

迷你牛头梗

· 57 ·

硬毛猎狐梗

· 58 ·

短毛猎狐梗

· 59 ·

斯塔福德牛头梗

· 60 ·

诺福克梗

· 61 ·

帕尔森·罗塞尔梗

· 62 ·

威尔士梗

· 63 ·

苏格兰梗

· 64 ·

斯凯梗

· 65 ·

锡利哈姆梗

· 66 ·

西部高地白梗

· 67 ·

澳大利亚梗

· 68 ·

澳大利亚丝毛梗

· 69 ·

德国猎梗

· 70 ·

小多伯曼犬

· 71 ·

捷克梗

· 72 ·

卡迪根威尔士柯基

· 73 ·

第二章 中型犬

西西伯利亚莱卡犬

· 103 ·

波兰低地牧羊犬

· 104 ·

长须柯利牧羊犬

· 105 ·

斯恰潘道斯犬

· 106 ·

猎兔犬

· 107 ·

波利犬

· 108 ·

小灵犬

· 109 ·

汉诺威猎犬

· 110 ·

松狮犬

· 111 ·

马地犬

· 112 ·

欧亚大陆犬

· 113 ·

英国可卡犬

· 114 ·

斗牛犬 ·

· 115 ·

德国平犬

· 116 ·

粗毛牧羊犬

· 117 ·

西伯利亚雪橇犬

· 118 ·

达尔马提亚犬

· 120 ·

美国比特犬

· 121 ·

巴山基犬

· 122 ·

西班牙猎犬

· 123 ·

澳大利亚卡尔比犬

· 124 ·

沙皮犬

· 125 ·

小明斯特兰犬

· 126 ·

恩特雷布赫山地犬

· 127 ·

柴犬

· 128 ·

硬毛指示格里芬犬

· 129 ·

大明斯特兰犬

· 130 ·

第三章 大型犬

中亚牧羊犬
· 132 ·

法国狼犬
· 133 ·

布里犬
· 134 ·

霍夫瓦尔特犬
· 135 ·

大髯犬
· 136 ·

德国牧羊犬
· 137 ·

马雷马牧羊犬
· 138 ·

西班牙獒犬
· 139 ·

苏格兰牧羊犬
· 140 ·

拉坎诺斯犬
· 142 ·

特弗伦犬
· 143 ·

马利诺斯犬
· 144 ·

佛兰德斯畜牧犬
· 145 ·

西藏獒犬
· 146 ·

英国獒犬
· 148 ·

斗牛獒犬
· 149 ·

罗特韦尔犬
· 150 ·

波尔多犬
· 151 ·

大白熊犬
· 152 ·

库瓦兹犬
· 153 ·

拿波里獒犬
· 154 ·

拳师犬
· 155 ·

阿拉斯加雪橇犬
· 156 ·

爱斯基摩犬
· 157 ·

伯尔尼兹山地犬
· 158 ·

荷兰牧羊犬
· 159 ·

格罗安达犬
· 160 ·

大瑞士山地犬
· 161 ·

英国老式斗牛犬
· 162 ·

圣伯纳犬
· 163 ·

土佐犬

·164·

大丹犬

·165·

兰伯格犬

·166·

卷毛寻猎犬

·167·

美国斗牛犬

·168·

英国蹲猎犬

·169·

顺毛寻猎犬

·170·

戈登蹲猎犬

·171·

指示猎犬

·172·

德国硬毛指示猎犬

·173·

荷兰猎鸟犬

·174·

马士提夫犬

·175·

爱尔兰红白蹲猎犬

·176·

奥弗涅指示犬

·177·

匈牙利维兹拉犬

·178·

阿根廷犬

·179·

猎狐犬

·180·

西班牙灵缇

·181·

猎鹿犬

·182·

灵缇

·183·

爱尔兰猎狼犬

·184·

寻血猎犬

·185·

法老王猎犬

·186·

伊维萨猎犬

·188·

萨路基猎犬

·189·

俄罗斯猎狼犬

·190·

阿富汗猎犬

·192·

兰西尔犬

·193·

罗德西亚背脊犬

·194·

秋田犬

·195·

杜宾犬

·196·

纽芬兰犬

·198·

你了解犬吗

犬的家族

犬科是食肉目中分布较广的科属，几乎遍布陆生食肉动物的所有生存领域，只有少数岛屿除外。犬科动物属于陆栖，大多在地面活动，只有少数会爬树，它们比较擅长在地面追逐猎物。

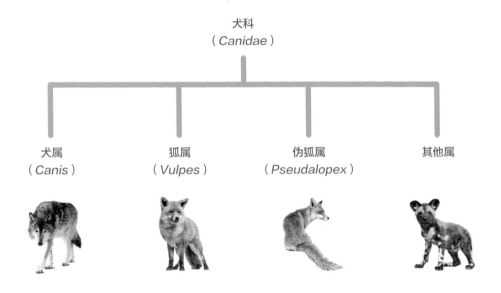

犬科
（*Canidae*）

犬属
（*Canis*）

狐属
（*Vulpes*）

伪狐属
（*Pseudalopex*）

其他属

犬属（*Canis*）：

狼（*Canis lupus*）
印度狼（*Canis indica*）
喜马拉雅狼（*Canis himalayensis*）
红狼（*Canis rufus*）
郊狼（*Canis latrans*）
东加拿大狼（*Canis lycaon*）
亚洲胡狼（*Canis aureus*）
侧纹胡狼（*Canis adustus*）
黑背胡狼（*Canis mesomelas*）
埃塞俄比亚狼（*Canis simensis*）

狼（*Canis lupus*）
适应性较强，耐寒、热，分布在地球的大部分地区；嗅觉、听觉灵敏，性情机警，常夜间活动；擅长奔跑，常用穷追猛打的方式捕获猎物。

1

狐属（*Vulpes*）：

孟加拉狐（*Vulpes bengalensis*）
阿富汗狐（*Vulpes cana*）
南非狐（*Vulpes chama*）
沙狐（*Vulpes corsac*）
藏狐（*Vulpes ferrilata*）
苍狐（*Vulpes pallida*）
吕佩尔狐（*Vulpes rueppelli*）
草原狐（*Vulpes velox*）
赤狐（*Vulpes vulpes*）
耳郭狐（*Vulpes zerda*）
小狐（*Vulpes macrotis*）

赤狐（*Vulpes vulpes*）

　　一般喜欢居住在土穴、树洞或岩石缝中；通常夜间活动，白天则在洞中休息；生性多疑，行动前会仔细观察周围环境，确定没有危险后再采取行动。

河狐（*Pseudalopex gymnocercus*）

　　一般喜欢栖息在草原、森林及河谷中；通常夜间活动，但在有人居住的地方也会白天活动；常采用"装死"的方式躲避危险。

伪狐属（*Pseudalopex*）：

山狐（*Pseudalopex culpaeus*）
阿根廷狐（*Pseudalopex griseus*）
达尔文狐（*Pseudalopex fulvipes*）
河狐（*Pseudalopex gymnocercus*）
秘鲁狐（*Pseudalopex sechurae*）
高地狐（*Pseudalopex vetulus*）

其他属：

非洲野犬（*Lycaon pictus*）
豺（*Cuon alpinus*）
貉（*Nyctereutes procyonoides*）
小耳犬（*Atelocynus microtis*）
薮犬（*Speothos venaticus*）
鬃狼（*Chrysocyon brachyurus*）
食蟹狐（*Cerdocyon thous*）
北极狐（*Alopex lagopus*）
大耳狐（*Otocyon megalotis*）
灰狐（*Urocyon cinereoargenteus*）

非洲野犬（*Lycaon pictus*）

　　一般喜欢生活在草原、稀树草原以及开阔的干燥灌木中；通常在光线较亮的上半夜和凌晨活动，但如果月光明亮，则可能会整晚活动。

犬的定义

犬是一种常见的哺乳动物，具有以下特征：肩骨分离，缺少锁骨，可使奔跑和跳跃的步幅更大；多数种类前腿的上爪退化；通常用四足行走，具有良好的爆发力；性情机敏；群居，合作狩猎。

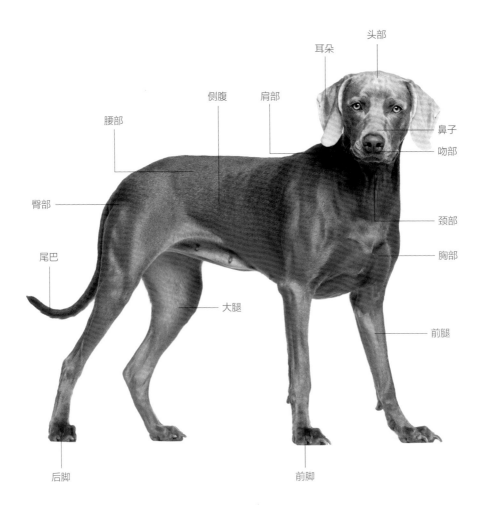

犬齿

犬齿的齿式有幼犬和成年犬之分，成年犬齿式为门齿、犬齿、前臼齿、臼齿，共计 42 枚，幼犬齿式为门齿、犬齿、前臼齿，共计 28 枚，缺部分前臼齿和臼齿；犬齿呈弯曲的圆锥形，上颌第一、第二门齿齿冠为三峰形，中部是大尖峰，两侧为小尖峰，其余门齿各有一大一小两个尖峰；前臼齿为三峰形，臼齿为多峰形；犬齿尖端锋利，是进攻和自卫的有力武器。

帕尔森·罗塞尔梗

剪耳和截尾

剪耳和截尾是一些国家养犬的习惯。剪耳是指剪去犬的耳尖，使耳朵竖直，但这在一些国家是违法的，如英国；截尾是指幼犬出生后人们通过手术截断其尾巴，但截尾的长度不一，并且这种做法至今仍有争议。

小多伯曼犬

德国平犬

悬趾

悬趾是指犬脚最内侧的一趾，相当于人脚的拇趾。对大部分犬类来说，其用处不大，幼犬常剪除。但其对某些犬类却有很大的用处，如海鹦犬（Puffin dog）的悬趾可帮助它在崎岖的地面上飞驰。

体形的大小

按照体形大小，犬一般可分为小型犬、中型犬和大型犬。因此，本书依据犬的体形大小，分小型犬、中型犬和大型犬三章。

小型犬（西施犬）

中型犬（巴山基犬）

大型犬（大白熊犬）

犬的类别

犬有许多分类方法，但通常以功能分类，这是因为大多数犬能执行某种特定任务，如看管牲畜、狩猎、警卫、拉雪橇等。

玩赏犬

玩赏犬，又称伴侣犬，主要为小型犬种、较小型工作犬种和实用犬种。玩赏犬体形小巧可爱，性格活泼好动、聪明伶俐，再加上它们不仅可供人观赏，还能起到陪伴的作用，甚至可以照顾老人、幼儿和患者，因而深受人们的喜爱，是很多宠物爱好者的首选。比较常见的玩赏犬有北京犬、迷你雪纳瑞等。

比熊犬

工作犬

工作犬主要是指协助人类从事各种工作的犬种，它们可以代替人的部分劳动，保护人的生命财产安全。工作犬不仅可以成为警卫守护犬、军犬、警犬、导盲犬、搜毒犬、搜爆犬、燃气嗅探犬以及救护犬等，还因为它们拥有较大的力量和较好的耐力而成为拖拉和运载货物的好帮手。常见的工作犬有阿拉斯加雪橇犬、美国比特犬等。

西伯利亚雪橇犬

猎犬

猎犬是人类狩猎的"帮手"，西班牙猎犬、指示猎犬和寻猎犬属于猎犬中的单猎犬，虽然它们有一定的地域差别，但都必须定期进行模拟训练，来维持其工作能力。

硬毛指示格里芬犬

护卫犬

护卫犬主要是用来保护人身和财产安全的犬种，它们多是用吠叫声来发出警报并吓退侵害者。护卫犬具有稳定的性格、强大的咬合力、迅猛的攻击速度及精准的攻击能力，它能够将歹徒的手臂咬断或使其粉碎性骨折，使歹徒丧失作案能力。

西藏獒犬

马雷马牧羊犬

牧羊犬

牧羊犬是指专门负责畜牧的犬种，可避免牲畜走失，并保护它们免受野兽侵袭，同时还能大幅减少偷盗牲畜的行为。牧羊犬的性格因品种不同而各异，但大多具有体格健壮、警惕性强等特点，常见的有德国牧羊犬、苏格兰牧羊犬等。

梗犬

梗犬最初主要是为了狩猎和消除毒蛇虫害而驯养的犬种，可用来减少老鼠、野兔和狐狸的侵害，大多在英国培育。梗犬一般体形较小，具有精力充沛、活泼好动、勇敢坚强、灵敏等特点，和主人的关系特别亲近，对主人尤其忠诚。

苏格兰梗

犬的习性

饮食习性

1. 犬是以肉食为主的杂食性动物，因此，喂养时，需在饲料中配制较多的动物性蛋白和脂肪，并辅之以植食性成分，以满足犬的正常发育需求。

2. 犬适宜消化肉食，这是因为犬的消化道比食草动物的消化道要短；犬的胃酸含量在家畜中居于首位；犬的肠壁相对较厚，吸收能力较强。

3. 犬在吃东西的时候通常很少咀嚼，因此，如果给其喂食的食物是纤维较粗的蔬菜，最好是把蔬菜切碎或煮熟。

波兰低地牧羊犬

4. 经过驯养的家犬保留了喜欢撕咬猎物的进食特性，因此，要经常给它们喂食一些不太坚硬的骨头。

5. 当犬不小心食入有毒食物后，就会通过呕吐的方式把有毒食物吐出来，这样可以防止中毒。

6. 不要让犬食用强刺激性食物，否则会损害犬的嗅觉。

波尔多犬

生理习性

1. 犬因为其排便中枢不发达，不能在行进中排便，因此，需要一定的排便时间。

2. 犬是群居动物，不喜欢独处，害怕孤独，因此，不要让它长时间独处。

3. 犬常以人类或自身粪便为食，这可能是犬在食物不足、营养不良或患有寄生虫病的情况下的病态表现。

柴犬

行为习性

1. 天气炎热时，犬会张大嘴巴、伸出舌头，这样可以起到散热的作用。

2. 犬是群居动物，群体中具有一定的"等级制度"，这样可以保持群体的稳定，以避免它们因食物和生存空间而发生争斗。

3. 犬在睡觉前，通常会"巡视"四周，在确定没有危险后，再卧下休息。

阿拉斯加雪橇犬

卷毛寻猎犬

4. 犬喜欢被人抚摸，但要注意抚摸部位，要经常抚摸它们的颈部和背部；不要抚摸头顶，因为这样做会带给它们压抑感和眩晕感；也不要抚摸屁股和尾巴，因为这样容易激怒它们。

5. 犬通常会根据自己的视线高低来判断对手的强弱。

6. 犬不会攻击倒下且露出肚子的对手。此外，犬喜欢人类，对自己的主人有强烈的保护欲望。

心理习性

1. 犬具有一定的领地意识，不允许其他动物进入自己的领地。

2. 犬的记忆力惊人，它们会记住曾经亲密相处过的人的声音，也会记住自己曾经居住过的地方。

3. 犬如果生病，会避开人类或同类，独自躲在无人知晓的角落等待康复或死亡。

杜宾犬

金毛寻猎犬

4. 犬的尾巴是犬的重要器官之一，在某种程度上也是犬的交流工具。尾巴翘起，表示兴奋、喜悦；尾巴下垂，表示生气、愤怒，预示着危险；尾巴不动，则表示不安；尾巴夹起，说明它感到害怕；如果向水平方向迅速地摇动尾巴，则表示友好。

友谊

犬不喜欢独处，喜欢群居，能够同人类、同类或其他动物建立起良好的关系，如鸡、猫等动物都能与犬和睦相处，并且犬还会保护它们不受侵害。

拉布拉多猎犬

博美犬

寻衅

公犬在遇到对峙局面时，通常会根据情况，采取两种姿势：一种是仰卧并露出腹部，表示屈服；另一种是脖子伸长、颈毛直立、尾巴竖立、大声咆哮，表示愤怒，起到威吓的作用。

听觉

犬的听觉敏锐，能分辨极细小和高频率的声音，听觉敏感度是人的16倍，即使睡觉也保持着高度的警觉性，能清楚地分辨周围半径1千米以内的声音。此外，犬的声源判断力也很强，由于耳与眼的交感作用，它们能做到"眼观六路，耳听八方"。

德国平犬

嗅觉

犬的嗅觉灵敏，能分辨出约2万种不同物质的气味，这是因为它的嗅觉细胞数量是人类的45倍，约有2.2亿个，一些犬类经过特殊培训，可作搜救犬等。

英国激飞猎犬

视觉

犬的视觉较差，只有人类的 25%~30%，对于 100 米以外的静止物体几乎就看不清了。它们也没有办法分辨所有的颜色，只能分辨某些颜色，例如深浅不同的蓝色、靛色和紫色，而对红色、绿色等高彩度的颜色则完全没有感受力。研究显示，犬看到的红色是暗色，看到的绿色则是白色。

彭布罗克柯基犬

腊肠犬

玩具梗

气味的标记

犬的尿液中含有独特的外激素化学气味，性别不同，外激素气味的差别也很大。公犬通常用尿作地盘标记，也用尿作发情的标志。除了尿液外，公犬也用汗液的气味作标记，如它们通过抓地，让爪子间的汗腺气味留在地上。

通信联络

犬通常通过身体姿势、气味及吠叫的方式来进行通信联络，距离较近时常通过身体姿势和气味与同伴进行交流，距离较远时常通过声音进行通信。例如，犬追逐猎物时发出的吠叫有利于猎人发现猎物；而当犬感到危险来临时发出的吠叫，则可以提醒同伴或主人注意安全。

帕尔森·罗塞尔梗

屈服

犬在遇到无法战胜的"敌人"时，通常会屈服。常将身体蜷缩，耳朵下垂，还会将身体翻转，背朝地，露出腹部，有时候实在走投无路，还会撒一点尿。如果屈服，就不会再受到同类的攻击了。

英国牛头犬

你适合养犬吗

你的时间

养犬需要你付出时间和精力，尤其是幼犬。一般抱回家的犬都是出生 2~3 个月的幼犬，这时的犬胃肠较弱，需遵循"少食多餐"的喂养原则，通常一天喂食 3~4 次，平均每隔 4~6 小时喂食一次；此时的犬抵抗力也很弱，生病概率较高，因此需要花费更多的时间和精力去照顾它，如果发现情况不正常，要及早送医，避免出现不可挽回的后果。当幼犬长大后，还需要花费额外的时间陪它出去活动？你准备好了吗？

腊肠犬

你的性格

在养犬的过程中，为了使犬能够尽快地适应你的生活，就需要根据你自己的家庭生活环境，让它养成良好的生活习惯，这不仅需要付出一定的时间和精力，还需要具有爱心和耐心。如犬的排便问题，由于幼犬还没有学会定时定点排泄，再加上其排泄次数较多，因此，你必须时刻注意它的排便情况，并且要逐步训练它学会到指定的地点定时排泄。而这种习惯的养成需要很长时间的练习，只是训练一到两次是完全不行的。除了犬的排便问题，还有一些其他行为习惯，如不可以让犬在某些地方啃咬骨头，不可以乱捡食地上的食物，不可以不经主人允许就跳上沙发或床，不可以对人乱叫，不可以在主人进食时讨食，不可以乱咬房间内的东西，也不可以将东西衔到其他地方乱丢等，这些都需要你去解决。如果你缺乏耐心，是很难坚持下来的。

你的经济条件

虽然，养一只健康的犬花费不多，但是把新养犬带回家之前的体检是有必要的，还需定期驱虫、按时免疫等。此外，每个月的固定开支，如犬的食物、玩具、零食等是不可缺少的。如果爱犬生病了，视病情的轻重缓急，医疗费用也有不同，也应考虑在内。

博美犬

你的家人

养犬，不仅是一个人的事情，更是一家人的事情。当幼犬长大，活动增加，开销增加，叫声变大，便便增多，会给你的家人带来不必要的麻烦。如果你的家人怕吵、怕脏，甚至怕犬，或对犬的毛发过敏等，你就需要考虑是否继续养犬了。因此，你的家人能否接受，也是养犬之前必须考虑的事情。

你的孩子

养犬会对你生养孩子产生一定的影响，这种影响也许并不会表现在实际中，而只是表现在观念上，尤其是家中长辈的想法和观念。他们大多会认为犬是危险的动物，在家里喂养的话可能会给幼小的孩子带来不可预测的危险。除此之外，犬的体毛也可能会对初生婴儿的气管造成影响。为了孩子的安全，他们可能会极力劝你把犬送走，而你已经与犬形成了很深厚的感情，自然不舍得，这就有可能引起不必要的家庭纷争。因此，在养犬之前，你要充分考虑家人的意见，如果你还没有和你的家人尤其是长辈达成共识，请务必慎重。

你的工作

如果你因为工作的关系，需要经常出差或常出远门，家中又无人代为照顾犬，可以到正规的宠物医院或宠物店寄养。虽然寄养会花一些费用，但是能够帮你按照家里的生活习惯及规律照顾爱犬。如果你既没时间照顾它，又不愿意将爱犬寄养，那么就不建议你养犬了。

帕尔森·罗塞尔梗

幼犬的照管

幼犬是指从出生到 18 个月大的犬，这时的犬还没有自我生存能力，需要人的全面照管。初生的犬应放在光线较暗的地方照管，因为初生的犬在约 2 周后才能慢慢睁开眼，再过 1~2 周才能看清东西。把它放在光线较暗的地方，可以保护它的视力免受伤害。

养育期

养育期的幼犬应以母乳喂养，必须保证每只幼犬都能吮吸到母犬的乳汁，避免身体较弱的幼犬因吮吸不到乳汁而影响其健康成长。

金毛寻猎犬

适合幼犬的食物

1. 幼犬专用食品：如狗粮、罐头等。

2. 含钙高的食品：补充天然钙类产品，促进骨骼和牙齿发育。

3. 幼犬专用奶粉：如幼犬专用的羊奶粉等。

4. 蛋黄：含有丰富的蛋白质，以及易吸收的维生素 A、钙及矿物质等。

5. 维生素和矿物质：体质较差的幼犬可额外补充一些维生素和矿物质，如"21 金维他"和幼犬金维他等。

6. 肉类：喂食不含脂肪的牛肉、猪肉、鸡肉等；此外，还要注意喂熟肉，不要喂生肉。

马耳他犬

人工哺乳

哺乳期是幼犬生长发育的重要阶段。母乳是喂养幼犬首选的最佳营养物质，但有时由于母犬死亡或缺奶，不能满足幼犬的营养需要，这时就需要人工哺乳。人工哺乳一般用羊奶，幼犬出生后 10 天，白天每隔 2~3 小时喂一次，夜间每隔 4~6 小时喂一次，每只每天的哺乳量不少于 100 毫升；幼犬出生后 10~20 天，每天的哺乳量为 200~300 毫升；幼犬出生 20 天后，每天除喂食羊奶外，还应增加蛋黄、浓肉汤、豆浆或米粥等，以保证营养均衡；幼犬出生 30 天后，每天喂食羊奶六次。

澳大利亚牧羊犬

西藏獒犬

驱虫疫苗

预防疾病、促进健康的重要措施之一就是做好幼犬的驱虫和卫生工作。在幼犬断奶后，要经常为它梳刷和洗澡，可促进它的血液循环及新陈代谢，也可调节体温、预防疾病；要注意饮食卫生，食具要干净，饮用水要清洁；要保持犬舍卫生，及时清除粪便，经常打扫洗刷，以及定期消毒。

日常运动

1. 幼犬喜欢追逐奔跑、嬉闹玩耍，只有这样才能保证它的运动量，如果运动量不足则容易导致其精神压力过大，出现吠叫、啃咬等行为。

2. 幼犬要接触各种事物，如汽车、闹铃声、小孩、邻居家的幼犬、公园里的小动物、广场上的鸽子等，这样可以帮助它养成良好的性格，等它长大后，遇到困难就不会害怕，可以利用经验随机应变，并进行自我调节。

瑞典腊肠犬

日常护理

梳理被毛

1.梳毛的顺序：依照从前向后、由上而下的顺序梳理毛发，即由颈部开始，再到肩部，接下来是背、胸、腰、腹、后躯，然后再梳头部，最后是四肢和尾部，一侧梳完，再梳另一侧。

2.梳毛的手法：应顺着毛的方向快速梳理，这里需要特别注意长毛犬的毛发梳理，不仅需要梳表面的长毛，还要梳下面的底毛（细绒毛），一般采取一层一层梳的方法，即表面长毛梳过后，翻起，再梳理底毛。

梳子的种类

犬的梳理工具一般有毛刷、弹性钢丝刷以及长而疏的金属梳。其中，毛刷可梳长毛的末端，使毛蓬松，但底毛（细绒毛）却梳不到；弹性钢丝刷和长而疏的金属梳则可以梳理长毛犬。

宠物犬的床铺

床铺是跳蚤产卵的场所，因此，需要准备易清洗的床铺，并且要经常清洗以及在阳光下暴晒，还可在床铺上放一点薄荷，以防止跳蚤等寄生虫生长。此外，买床铺时，还要考虑床铺的大小尺寸，以便幼犬长大后也能使用。

剃毛

犬的四肢是最不易剃毛的部位，特别是脚爪上方，这是因为犬脚爪部分的皮肤薄，毛细血管丰富，剃毛易使犬受伤；这里的毛发还常用来洗脸，如果被剃掉，会直接影响犬洗脸。因此，犬四肢的毛发通常不剃。

洗澡

1. 洗澡前一定要梳理毛发，尤其是嘴部周围、耳后、腋下、股内侧、趾尖等处，越是犬不愿让人梳理的部位越要梳理干净。梳理时，一手握住毛发根部，一手进行梳理，这样可以减少犬的疼痛感。它的作用是梳理开缠在一起的毛发，并除去大块污垢，这样更方便清洗。

2. 洗澡的时间一般为上午或中午，空气湿度大或阴雨天则不进行；将澡盆放在较宽敞的地方，为犬洗澡留出足够的空间；洗澡水的温度以36~37 ℃为宜，不能过高或过低。

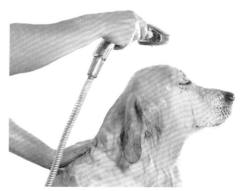

3. 洗澡时，用专用清洁剂擦洗犬，并抬起犬的头，以防止水和清洁剂流到犬的眼睛或耳朵里；擦洗后，要用清水洗净泡沫，不要让清洁剂滞留在犬身上，以免刺激皮肤，引起皮肤炎症；洗完澡后，应立即用吹风机吹干或用毛巾擦干，切忌将洗完澡的犬放在阳光下晒干。

刷牙

犬的牙齿要进行定期护理，一般一周刷两次牙。可在宠物店买为犬特制的牙膏和牙刷，牙刷应尽量选用质地柔软、尺寸匹配的，这样可以使犬感到舒适。牙齿护理对犬的健康十分重要，一方面可防止牙垢形成，预防牙周炎之类的疾病，另一方面可以使犬有清新的口气。

项圈、皮带

幼犬一般在六七周时开始戴项圈，进行训练则必须戴项圈。皮质项圈是人们最常用的项圈类型，当幼犬长大后，可适当调整项圈松紧。如果犬经常在外活动，还应在项圈上加标签，上面写明主人的家庭地址、电话号码等。

玩具

犬很喜欢玩耍，同时玩耍的过程也是训练和运动的过程，因此，需要为它们添置一些玩具。如拉圈和橡皮骨头可使犬齿保持良好的状态，但要防止幼犬吞食。

犬碗

选用盛食物和水的碗需注意：首先，材料应便于清洗；其次，不要使用有毒塑料或劣质陶瓷制作的碗，因为犬会经常舔食，这些有害物质易使犬的健康受损；最后，陶瓷碗破损后必须立即更换，因为缺损处易划伤犬的嘴巴。

耳部清理

1. 耳部清理，首先要清理耳管旁的毛发，一般在洗澡前进行。先把犬耳反转，露出底部的毛，喷少量脱毛粉在底部的毛发上，再把粉揉进毛内，然后抓住毛发，顺着毛发生长方向迅速扯脱。

如果需要，还可用毛钳协助扯脱，但毛钳不能深入耳内太深，以免发生危险。毛发扯脱后，还要用洁耳剂浸过的棉签清洁耳朵内部，以防止耳朵发炎。

2. 要清除耳蚤。耳蚤的生命周期约为 10 天，因此，要连续 7 天用灭蚤喷雾喷杀已生的耳蚤，隔 10 天，再喷 7 天，以消灭刚孵出的幼蚤，只有这样才能彻底消除耳蚤。此外，耳蚤是可以传染的，如果家中有一只犬患有耳蚤，那其他犬就必须接受治疗。

澳大利亚梗

吃药

犬可服用药物以治疗疾病，但由于药物一般都味道难闻、口感苦涩，犬很难下咽，甚至会趁主人不注意时偷偷吐掉，因此，在给犬喂食药物时，可采取一些方法。如果犬不是特别排斥药物，可用汤匙喂食；如果犬特别排斥药物，则可用注射管喂食。此外，还可通过注射药物的方法治疗一些疾病。

宠物犬的日常训练

变强迫为鼓励

驯犬通常会采取强迫和鼓励两种方法。以前，人们经常会采用强迫法驯犬，如拉犬的头，打骂它们，虽然也有一定的成效，但会给犬带来一定的心理压力，且疏远了人与犬的关系。现在，通常会用鼓励的方法驯犬，通过奖励（如表扬、食物、游戏等）强化它们的行为，这样不仅能促进犬的健康成长，还能加强人与犬的关系。

夸奖、抚摸

夸奖、抚摸是鼓励法的重要手段。训练的目的是为了教会犬某种技能，通过夸奖和抚摸，可让犬感知主人快乐的心情，以达到强化训练的目的。

不攀比

在驯犬的过程中，要杜绝攀比心理，采取与自家犬相适应的进度来训练，因为不同犬的能力不同，一定要对自家的犬有信心。

口令清楚

呼唤犬的口令要清楚，首先要先呼唤它的名字，以引起它的注意，然后再发出口令。为了使口令统一，可事先把口令及相对应的声音、信号或口哨等列出清单。

驯犬时，口令应语句简短、发音清楚，发出口令时，切忌带有发怒情绪的口吻，同时又要注意，不同性格的犬可采取不同的训练口气，如对神经质的犬要温柔或爽朗地命令它，对活泼好动的犬则要大声断然地命令它，饲养者可根据犬的性格选择相应的方式。

及时纠正

如果犬做了不可以做的事，应立刻大声果断地制止，一定要让它明白这件事是不可以做的。千万不要等到事后再来训斥它，否则它会不明白训斥的原因，这样不仅不能使它改正错误行为，时间长了，还会使它对主人产生不信赖感，渐渐地不再听主人的话。

杜绝体罚

在养犬的过程中，一定要杜绝体罚。犬通常会对人抱有非常强的警戒心，经常不明缘由地打罚，只能使它产生"被虐待"的印象，并且在这种环境中成长起来的犬会极度缺少安全感，虽然它会暂时迫于主人的威严而服从，但有时会攻击力量较弱的小孩或老人，甚至会咬伤人。如果犬不听从命令，可用水枪冲着犬的脸射过去，这样大多数犬都会安静下来。

随时随地进行训练

训练要不受时间限制，随时随地进行，如在散步、吃饭、会客时，可教犬哪些是"该做"的事，哪些是"不该做"的事。

要有耐心

养犬者要有耐心，因为犬不是只训练一两次就能形成记忆的，需要不停地进行训练才能加强记忆。犬也有自己不喜欢的东西，通常面对自己不喜欢的东西，要么冲着它吠叫，要么捣毁它。这时，一定要有耐心，并用温和的声音对犬讲话，使它的情绪能慢慢平复，然后再让它接近自己不喜欢的东西。切忌对犬进行打骂，这样不仅不能解决问题，反而会使犬躲得更远。

小型犬

小型犬一般指成年后身高不超过 40 厘米、体重不超过 11 千克的犬种。小型犬多为玩赏犬，具有体形小巧可爱、性格活泼好动、聪明伶俐等特点。它们不仅具有很好的观赏性，还可以陪伴幼儿、老年人和病人等。常见的小型犬主要有北京犬、巴哥犬、博美犬、西施犬、迷你雪纳瑞犬、蝴蝶犬、吉娃娃等。

北京犬

又称京巴、狮子犬 / 勇敢、大胆、自尊

北京犬身材矮矮胖胖的，性格机灵、勇敢、倔强，性情温顺可爱，而且它很聪明，对熟悉的人充满友善，十分信任，但是对陌生人会很警惕猜疑。北京犬很乖巧，性格安静。它对运动的需求不强，但是需要每天外出散步，适合老年人饲养。

饲养指南：北京犬的饮食以素食为主，也可以加入奶粉、钙粉和复合维生素粉，饮用水使用凉开水。饲养时营养要充足，每天喂适量的蔬菜、面包、饼干，还可以喂一些瘦肉、虾肉、鱼肉。每天需要跟随主人外出散步。炎热的夏季要避免犬在烈日下活动，必要时可将其移至通风阴凉处，并为其降温。要注意卫生，5~10天帮它干洗刷一次，夏天天气炎热，每隔一周就要洗一次澡。牙齿要保持定期清洁，避免过早脱落。

产地血统：北京犬原产于中国，是古老的犬种，4000年前就已经出现，它是"护门神麒麟"的化身。北京犬是西藏猎鹬犬的后代。从秦朝到清朝，北京犬的血统一直很纯正。

眼睛大、黑、圆，有光泽，两眼间距宽

嘴平，当嘴巴闭合时，不露出牙齿和舌头

胸宽，胸骨稍突出或不突出

被毛长、直、竖立着，且有丰厚柔软的底毛

历史起源：从秦朝到清朝，北京犬一直是皇宫的玩赏犬。北京犬因为长久以来都在宫廷中繁衍生长，所以保持了纯正的血统。1860年，英法联军把圆明园的北京犬抢走了几只带回英国，献给了维多利亚女王，女王将其命名为"滑稽犬"。因为是从北京带到英国的，后又被称为"北京犬"。北京犬在欧洲很多狗展中都获得过"冠军犬"的称号。

胡须使整个面部更有东方特征

颈部非常短、粗，与肩结合

身体呈梨形，且紧凑，前躯重

前腿短、粗，且骨骼粗壮

后腿适当地靠近，两后腿平行，脚尖向前

寿命：12~17年 ｜ 年成犬身高：18~23厘米 ｜ 成犬体重：6千克左右 ｜ 主要用途：玩赏犬

迷你雪纳瑞犬

又称史纳莎、小雪犬 / 友好、聪明、活泼

迷你雪纳瑞犬聪慧、勇敢、有活力，喜欢和人类相处，体格强健，忠诚可信。但是它的妒忌心十分强，当你忽略它而照顾其他犬时，它就会变得急躁并具有破坏性。它身体的右侧是薄弱区域，它会重点保护身体的右侧。迷你雪纳瑞犬喜欢玩耍，生性活泼，喜欢运动，所以需要定时带它去户外活动。

耳朵内边缘竖直向上，外边缘可能略呈铃状

身体结构坚实，身躯接近正方形

尾根位置高，尾巴上举

后腿具有发达肌肉，且有些倾斜

拥有坚硬的外层刚毛和浓密的底毛

前腿笔直，而且两前腿相互平行

迷你雪纳瑞犬的头部结实，呈矩形，没有明显突出的后枕骨

饲养指南：为了保证迷你雪纳瑞犬的营养均衡，要适当补充蛋白质和维生素，不要过量摄入盐分。饲养幼犬时需注意，选择高品质的狗粮作为它的主食很重要，狗粮里面含有的营养成分是专家配合幼犬调配的，对幼犬的成长有很好的帮助。给迷你雪纳瑞犬选择住处时，要选择安静、通风好、干燥、好打扫的地方。选择狗笼时，最好是不锈钢狗笼或者静电烤漆狗笼。冬天做好保温措施，夏天通风要好，居住的地方不能潮湿，要保持干燥。冬季，迷你雪纳瑞犬的毛发不宜剪得太短，以免影响保暖效果。

产地血统：迷你雪纳瑞犬属于梗犬类，它是梗犬类犬中唯一不含英国血统的品种。15世纪以前，标准的雪纳瑞犬是由德国刚毛平犬和当地皮毛粗糙的犬种繁殖产生的。标准雪纳瑞犬和法兰德斯牧羊犬以及大丹犬的血统融合而成了大型品种的雪纳瑞犬。迷你雪纳瑞犬有迷你平犬、博美犬、猎狐梗和苏格兰梗的血统。

历史起源：迷你雪纳瑞犬起源于19世纪末期的德国巴伐利亚地区。很多人认为它是由标准雪纳瑞犬和猴面梗杂交而成。1899年，迷你雪纳瑞犬被承认。1905年，迷你雪纳瑞犬被引入美国。1925年，成立雪纳瑞犬俱乐部。

小贴士：给迷你雪纳瑞犬取名字的时候，要取容易辨识的名字，为了让幼犬能够很快熟悉自己的名字，可以使用同音节的字取名。迷你雪纳瑞犬适合家养，它活泼好动，精力特别旺盛，想要它安静地待在一个地方，不要跑得太远，几乎是不可能的。所以，对于喜欢安静、慢悠悠散步的老年人来说就不太合适了。

寿命：13~16年 | 成犬身高：30~40厘米 | 成犬体重：7~8千克 | 主要用途：玩赏犬、捕鼠犬、看家犬

西藏猎犬

又称宫廷犬、祷告犬、袖犬 / 独立、自信

西藏猎犬性情活泼、自信、聪明，外形非常匀称，它的头部较小，与身躯的比例恰当。西藏猎犬将耳朵用力向后贴时，表示它很不安，这时脸会变得硬而直。当耳朵向后贴却很柔软时，表示它很高兴，在和人撒娇，是喜欢你的表现。西藏猎犬攻击的前兆是张牙舞爪，皱起鼻子，露出上排牙齿。西藏猎犬有着很强的嫉妒心，特别想独自占有主人的感情。如果你同时养了几只西藏猎犬，注意需要平等对待每一只，否则容易引起它们内部争斗和撕咬。

耳朵中等大小，成年犬的耳朵上有大量羽状饰毛

尾巴位置高，有大量羽状饰毛

脚很像兔足，小巧而整洁

后躯结构良好结实，膝关节发达，角度恰当

饲养指南：西藏猎犬属于食肉目，是以肉食为主的杂食动物。西藏猎犬吃东西的时候很少咀嚼，对粗纤维的消化能力差，所以给西藏猎犬喂蔬菜的时候，要切碎、煮熟后再给它吃。注意不能给西藏猎犬喂食巧克力、鸡骨、鸡蛋、生肉、动物肝脏及菌类等。西藏猎犬每天需要定时进行适当的运动。运动量可视品种、年龄和不同的个体而做出调整。牵引带不宜过紧或过松，过紧影响呼吸，过松容易脱落，要有一定的自由度。可以给西藏猎犬一些塑料制成的玩具，让它自由玩耍，也可以用玩具来引它跑动，达到运动的目的。

产地血统：西藏猎犬原产地在中国的西藏，是很古老的品种。与西藏猎犬十分类似的品种在8世纪就已出现在现在的韩国境内，但不清楚是不是从中国西藏传过去的。

历史起源：西藏猎犬在7世纪就已经出现，原产于喜马拉雅山脉。后来从西藏传到皇宫，在清朝皇宫中饲养。

小贴士：西藏猎犬活泼、自信、聪明，非常容易和孩子们打成一片，是很好的家庭宠物，很适合有孩子的家庭。虽然它的名字里带有猎犬二字，但是从不参与打猎活动。传说这类犬是用来祈祷的，通过训练，可以帮助僧侣转动转经筒，作僧侣的伴侣犬，还可以用来看家护院。

眼睛深褐色、卵形、中等大小，距离分得较开

肩胛稳固，位置适当，前肢骨骼略为弓形

脚趾间的羽状饰毛延伸到脚上

双层被毛，质地为丝质

寿命：13~14 年 | 成犬身高：24~25 厘米 | 成犬体重：4~7 千克 | 主要用途：伴侣犬

巴哥犬

又称八哥、哈巴狗 / 温顺、聪明、忠诚、友善

巴哥犬活泼好动，性格温和，喜欢和人互动，非常忠诚，如果有陌生人靠近主人时，会吠得非常大声。巴哥犬是以咕噜的呼吸声、抽鼻子的声音作为沟通方式的。它们十分爱干净，对环境的适应性很强，但不是很耐热，需要给予充足的饮水。巴哥犬属于温柔可爱的小型犬，不需要经常遛它或给它整理被毛，但它需要陪伴。它也不需要做很多运动，每天散步就可以了，很适合做老年人的家庭伴侣犬。

头部大、粗重，不上拱，苹果形，前额不后缩

背短，背线水平

尾巴尽可能卷在臀部以上部位

前腿非常粗壮、直，长度适中

后腿很强壮、长度适中，从后面看时，两腿笔直、平行

饲养指南： 巴哥犬以新鲜肉类为主食，如牛肉、鸡肉、鱼肉等，鱼肉一定要剔刺。注意不可喂食过量，因为喂食过量可导致其发胖，发胖则会影响形象及健康。巴哥犬幼犬消化能力差，自控力不行，容易饱食。所以喂食时需要注意，2~3月龄幼犬每天喂4~5次，4~8月龄每天喂3次，8月龄以上每天2次就可以了。需要保持其饮水充足，餐具要保持清洁，喂食时间最好固定。巴哥犬玩兴大，每天必须给予一定的活动时间。巴哥犬不宜做剧烈运动，只在早晨和傍晚散步即可。隔一段时间要用稀硼酸水帮它洗眼。其眼部有皱褶，睫毛易向眼内倒生，要细心将倒生睫毛拔掉。巴哥犬不用经常洗澡，一个月两次即可，洗澡后一定要先擦再吹，否则容易患上皮肤病。

产地血统： 巴哥犬起源于中国西藏，是一种很古老的品种，是西藏猎鹬犬的后代。和西藏犬以及西施犬繁衍后渐渐变为小型犬。巴哥犬进入欧洲时，体形比现在的巴哥犬大一些，四肢细长。现代巴哥犬主要是经过英国人的培育改良而成的。

历史起源： 巴哥犬起源于中国，公元前400年左右就有巴哥犬的记载。在古代，巴哥犬是贵族们的宠物。在宋朝很流行，后来流传到我国各地。西藏的僧人也在寺庙中饲养巴哥犬。17世纪，巴哥犬被荷兰东印度公司介绍到世界各地。维多利亚时代，巴哥犬的知名度达到顶峰。

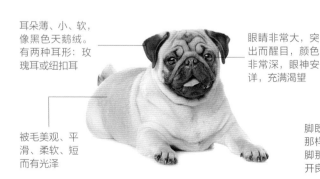

耳朵薄、小、软，像黑色天鹅绒。有两种耳形：玫瑰耳或纽扣耳

眼睛非常大，突出而醒目，颜色非常深，眼神安详，充满渴望

被毛美观、平滑、柔软、短而有光泽

脚既不像野兔的脚那样长，也不如猫脚那样圆，脚趾分开良好，趾甲黑

寿命：12~17年 | 成犬身高：25~28厘米 | 成犬体重：6~8千克 | 主要用途：伴侣犬

拉萨犬

又称西藏犬、拉萨狮子犬 / 敏锐、忠诚、坚强、勇敢

拉萨犬体形和外貌酷似狮子，耳朵厚实而下垂，沉重的头部饰毛垂落在眼睛前，有大量胡须和髭须。拉萨犬很强壮，忍耐力也很强，常常吠叫。拉萨犬生性不凶悍，它可以很快地辨别出陌生人。拉萨犬的自尊心强、警戒性高、性格活泼开朗，对自己的主人非常温柔和顺从。拉萨犬体形不大，性格活泼开朗，能成为很好的伴侣犬，适宜家庭饲养，也适合陪伴老人。

饲养指南： 拉萨犬每天可喂食肉类或者喂干素食料和少糖饼干。不宜饲喂过多，否则狗狗会出现呕吐和腹泻的不良症状。零食也可以适当饲喂，不宜过多，否则会造成肥胖，可以作为奖赏良好的行为或协助训练使用。饮水要随时充分供应。拉萨犬喜欢在固定地点进食，可以训练它的日常作息，让其用餐时间不要太长。拉萨犬的被毛长而茂盛，需每天对其进行梳理，并做好清洁卫生工作。拉萨犬需要有相当的运动

量，平时要有一定时间让它自由奔跑或散步。拉萨犬抗病能力不强，平时除了重视清洁卫生工作外，还要看它的精神状态、食欲、粪便，鼻底的湿度及肛门周围，一旦发现有不正常情况，要采取措施进行治疗。

产地血统： 拉萨犬原产于中国西藏。20世纪以前，除原产地西藏以外，其他地方很少见到这种犬。

历史起源： 拉萨犬至今已有2000年的历史，其主要用途就是西藏寺院中僧侣的陪伴和守卫犬，被僧人视为神圣之物。当时达赖喇嘛将拉萨犬当作赠礼，进贡给朝廷，后来广泛传入世界各地。1935年，美国对拉萨犬予以承认注册。1982年，拉萨犬落户于英格兰。

眼睛呈古铜色，椭圆形

背部呈水平，腰部强健、结实

脚部有许多羽状饰毛，类似猫足，脚垫厚实

尾毛很密集，尾跟高，尾巴向上卷曲，毛尖很容易打结

后躯和大腿非常发达

被毛沉重，特别直和硬长，而且非常浓密

寿命：12~13年 | 成犬身高：25~28厘米 | 成犬体重：6~7千克 | 主要用途：伴侣犬、护卫犬

博美犬

又称波美拉尼亚犬、松鼠犬 / 警惕、聪明、忠诚、友善

博美犬属于性格外向活泼又不失庄重的犬种，走起路来步态骄傲，并且非常聪明，是非常优秀的伴侣犬，同时也是极具竞争力的比赛犬。个性非常忠实、友善。它虽然属于娇小类型的犬种，但是在遇到突发状况时也会表现出勇敢、凶悍的一面。博美犬需要定期修剪，每天要细心梳理被毛，不适合没有空闲时间的人饲养。博美犬适合爱打扫、爱整理的人，以及有孤独感的老人饲养。

耳朵小巧、直立，形状似狐狸耳，两耳间距不大

被毛由密实的下毛及长、硬、直、富光泽的上毛所构成

自直立的耳尖开始，至短且笔直的背汇合成一条柔和的背线

身材短小，结实，胸部厚实

头盖骨宽大且平，状似狐狸头

饲养指南： 每天喂食的次数根据狗狗年龄有所区分。断奶后到3个月大每天3~4次，3至6个月大2~3次，6个月到1岁每天2次即可，1岁以上每天1~2次。给博美犬喂食不要过量，七分饱即可。饭后最好不要让其跑跳，否则刚吃下的食物容易吐出来。零食适量，可在训练的时候作为奖励喂食。人吃的零食不要给狗狗吃。博美犬嘴巴会散发出口臭，需要定期洗牙，有效控制牙结石，

减少口臭。它的耳朵也会飘出异味，清理耳垢后气味就会减少。因博美犬被毛丰厚，换毛期脱毛量大，应经常保洁护理，每周洗一次澡为宜。博美犬需要一定的运动量，可促进它健康发育，增强新陈代谢。

产地血统： 博美犬原产于德国，它和狐狸犬都居住在北极圈一带，它们血统相似。博美犬是挪威猎麋犬和北极狐狸犬杂交而成的。在18世纪之前，博美犬的

祖先是一种体重10多千克的中型犬。因为它拥有受人喜爱的外形，后经过人工配种改良，就成了现在体形娇小的博美犬。

历史起源： 博美犬起源于19世纪。19世纪，莱茵河的拖船上经常可以看见这种犬。在比利时它叫史基伯犬，荷兰叫它基斯犬，法国人叫它路路，意大利人称它沃尔皮诺犬，英国人称它为波美拉尼亚犬，后来传遍整个欧洲。俄罗斯人称它为莱卡犬。

寿命：10~12年 | 成犬身高：18~22厘米 | 成犬体重：3.5千克以下 | 主要用途：伴侣犬、看守犬

西施犬

又称狮子犬、菊花狗 / 开朗、友善、活泼

　　西施犬智商很高，幼犬的活动力很强，成年犬的活动力很普通。学习能力一般，训练它有点难度。性格活泼和善，相信每一个人，很忠实。西施犬社交性很好，可以和儿童友好相处。如果主人很忙，西施犬可以自娱自乐，没人陪伴也没关系。西施犬的毛量很多，要定期进行梳理和美容，平时没有空闲时间、很忙碌的人就不要饲养了。西施犬体形较小，依恋主人，适合家庭饲养。但有时西施犬对主人也会凶，所以建议等孩子长大再养比较合适。

鼻孔宽，朝天

前腿直，与宽阔的前胸保持同一平面

尾根部位置高，几乎与额头水平，使体态显得匀称

颈足够长，使得头高高抬起

后腿骨骼发达，肌肉丰满，覆盖有被毛，显得腿粗壮

前腿短，骨骼发达，肌肉丰满

鼻的顶端与下眼睑在同一直线上或略低

饲养指南：夏季，西施犬的食物最好是经加热处理后放凉的新鲜食物，且不宜喂食过量。夏季西施犬容易出现食欲不振的情况，这个时候需要减少肉食，多喂它清水。西施犬的毛发较长，要经常用针梳或猪鬃毛梳梳理。为了便于梳理，还需用顺毛喷雾。西施狗最好每周清理一次耳朵，保持耳道的干燥清洁。西施狗眼睛很大，灰尘容易进入，可用手指掀开它的眼皮，滴上一两滴眼药水进行养护。每周可以进行一两次的牙齿养护，另外如果有口臭，需要去医院检查。

产地血统：西施犬原产于中国西藏，是一种古老的宠物犬。西施犬曾在北京的皇宫中饲养，经过精心的挑选和多次的杂交，最终发展成今天的样子。1930 年，它作为文化交流品被带到欧洲繁育，逐渐被世界各地认可饲养。

历史起源：17 世纪中期，西施犬被献给皇帝，此后，西施犬在北京的皇宫中繁衍。1935年，英国成立西施犬俱乐部。第二次世界大战期间，驻英的美军在回国的时候，将西施犬带到了美国。1969 年，美国养犬俱乐部登记承认西施犬。

尾部有长的羽毛状饰毛，向背部卷曲

双层被毛，密而长，不卷曲，华丽，下垂，可以呈轻微波浪形

头部圆、宽，两眼距离大，头部被毛下垂到眼下，使得头部显得蓬乱

寿命：12~14 年 | 成犬身高：不超过 27 厘米 | 成犬体重：4~8 千克 | 主要用途：伴侣犬

29

比熊犬

又称特内里费狗 / 友善、活泼、勇敢、机警

眼睛圆、黑色
或深褐色

比熊犬具有很好的记忆力，相比其他犬种不是很聪明，但它对人的依赖感很强，非常友善，生性乐观，很容易因为小事情而满足。它对陌生人也会表现出凶猛的一面。它需要人的长时间陪伴，对居住环境要求也很高，适合时间宽裕的家庭饲养。

耳朵下垂，隐藏在长长的被毛中

腿部呈弓形，肌肉结实，较宽

宽阔的胸部可以使前腿能自由而无拘束地运动

前腿骨骼发育中等、直立，在前腿和关节处没有突出或弯曲

饲养指南： 比熊犬的食物必须是新鲜的，吃剩下的要倒掉并洗净餐具，保持餐具清洁。每天给比熊犬喂食约150克肉类，并加入用水调和的等量干素料。肉类、干素料都需煮熟，然后再切碎、调拌。比熊犬精力旺盛，要保证它每天有足够的活动量，最好每天活动两次，每次30分钟，可散步，也可做游戏。比熊犬的毛发最好每天梳理一次，防止打结。梳理时，先顺着毛的方向正向梳，之后再反向梳，先从毛发的尖端开始梳，慢慢过渡到根部。洗澡后，可以使用防虫药水喷在它的皮肤上，不要喷在毛上。保持犬舍清洁，清洗垫子、玩具等，定期日光消毒，避免狗狗患上皮肤病。

产地血统： 比熊犬原产于地中海地区。可能是巴比特犬和水猎融犬的后裔。

历史起源： 13世纪前在欧洲就有比熊犬了，西班牙人特别青睐它。14世纪晚期，西班牙水手常把它作为交易品，于是这些犬随着意大利水手又到了意大利，成为意大利贵族的宠物。1500年，法国入侵意大利，法国人把比熊犬作为战利品带回了法国。1574年至1589年，比熊犬处于鼎盛时期。18世纪末，比熊犬逐渐衰落，追随卖艺人风餐露宿、流落街头。20世纪后，比熊犬再度兴旺。1956年被正式引入美国，1972年被认可，1980年在伦敦的克鲁夫特犬展中第一次亮相。

寿命：12~14年 | 成犬身高：24~29厘米 | 成犬体重：3~6千克 | 主要用途：伴侣犬

马耳他犬

又称玛尔济斯犬、马耳他岛猎犬 ／ 文雅、深情、热情、活泼

马耳他犬性格倔强、勇敢、顽强，外形却非常温顺可爱，一身白色被毛华丽如丝，观赏价值很高，很受人们的欢迎。它与自己的主人感情很深厚，甚至非常依赖主人，但它对陌生人很敌视。马耳他犬不需要太大空间，但需要精心照顾，每天彻底梳理毛发。不适合忙碌、没有耐心的人饲养。马耳他犬个子小，适合成年人或有大孩子的家庭饲养。比较空闲的老人也很适合饲养它。

耳低而下垂，布满长长的饰毛

头顶略圆，被长长的毛覆盖

四肢短小，有饰毛

吻长适中，精巧而逐渐收缩，但不显长吻状

单层被毛，毛色纯白，有时耳部呈淡黄褐色或柠檬色

饲养指南： 马耳他犬的食物为煮熟切块的肉类，加用水调拌的等量干素料或不含糖的饼干。马耳他犬每天都需食用肉类，少则180克左右，多则200~250克。需要给它多准备一些高蛋白的食物，补充足够的维生素等营养物质。可以给狗狗准备海藻类的食物、新鲜的蔬菜，不要喂食高糖、高盐、淀粉类的食物。马耳他犬需要一定的活动量，可散步，也可做游戏，这样能增强它的消化

和吸收能力。马耳他犬需要每天至少梳理1次毛发，清除毛发上面的灰尘，按摩它的身体，使新生毛发更健康。还需要定期洗澡，彻底清洁身体。

产地血统： 原产于地中海的马耳他岛，因此得名马耳他犬。传说公元前500年，腓尼基人航行到马耳他岛，他们带来的犬几经繁衍，诞生了马耳他犬。马耳他犬是小型玩赏犬之一，具有比熊犬的血统。早在公元前4世纪

时，马耳他犬就已经成为罗马和希腊贵妇们的玩赏犬，它的祖先可能是欧洲最早的玩赏犬。

历史起源： 在公元前13世纪的埃及古墓中，发现有类似马耳他犬的雕像。约公元前55年，马耳他犬随罗马军队到达英国。英国国王亨利八世时，马耳他犬就以雍容华贵、美丽迷人的外貌盛行于上流社会。1877年首次在美国展出，1888年被美国养犬俱乐部登记承认。

寿命：14~18 年 ｜ 成犬身高：20~24 厘米 ｜ 成犬体重：3.2 千克左右 ｜ 主要用途：伴侣犬

中国冠毛犬

又称中国无毛犬、半毛犬、中国裸体犬 / 开朗、活泼、机智、勇敢、警惕性高

中国冠毛犬的头顶有毛，跟清朝官员的帽子很相似，所以被叫作中国冠毛犬。中国冠毛犬很专一，对主人很依赖。主人如果不在家，它都是待在自己的空间里等主人回来。中国冠毛犬性格温和，亲切可爱，很少吵闹，适合与小孩做伴。中国冠毛犬也很机智、勇敢，警惕性高，适合在城市中饲养，也适合中老年人饲养。

饲养指南： 中国冠毛犬的食物以肉类荤食为主，但也需喂食一定量的蔬菜或饼干。它比较贪吃，一定要适量喂食；缺少前臼齿，不能啃食骨头。中国冠毛犬的运动量不宜过大，在室内走动、小跳、散步即可。中国冠毛犬体表无毛，会对羊毛产生过敏反应，主人靠近时不要穿羊毛衣裤。中国冠毛犬没有被毛保护，皮肤容易损伤，主人需特别注意。家中不要有边角锐利的家具，以免划伤它的皮肤。主人要经常给它洗澡，并给它的皮肤抹上护肤油，保持它的皮肤光滑。

耳朵大且竖立，未剪耳

头部从两耳间到后脑的地方略呈拱形

颈部倾斜且干净，从肩部起向上支撑着头部，略呈弓形

面颊逐渐变细，使嘴巴呈清楚的锥形

无毛犬类品种，只在身体的几个部位有被毛，即头部、尾巴、前腕和后腕

脚呈兔形足，脚窄且脚趾细长

产地血统： 中国冠毛犬原产地是中国。世界上对该犬的起源有过争议，有人认为它是来自土耳其或墨西哥的无毛犬，也有人认为它是由非洲、亚洲、美洲线路传播繁衍的。不过因为中国冠毛犬特异于西方犬种的外观，多数动物学家认为它是源于中国的稀有犬种。

历史起源： 原产于中国的小型玩赏犬。几个世纪以前，中国航海人带着它出海，会将幼犬卖给当地的商人。16世纪，西班牙探险家在墨西哥发现了中国冠毛犬。1975年，美国开始引进中国冠毛犬。1985年，美国养犬俱乐部承认中国冠毛犬。

杏仁状的眼睛分得很开，眼圈的颜色和身上的颜色相称

深色犬的鼻子呈深色，浅色犬的鼻子呈浅色

四肢长、细、直

尾巴细长，尾尖处变得更细

寿命：10~15年 | 成犬身高：23~33厘米 | 成犬体重：2~5.5千克 | 主要用途：伴侣犬

吉娃娃

又称奇娃娃、奇瓦瓦、芝娃娃 / 优雅、警惕、勇敢

耳朵大，立耳，在警觉时保持直立

眼睛很大但不突出，匀称，呈现明亮的黑色或红色

被毛覆盖犬身并有毛领为佳，且头部和耳朵上被毛稀疏

吉娃娃是小型犬中最小型的犬种之一，对外来的同品种犬有敌意，对主人有独占心理。它十分勇敢，能在大型犬面前保护自己。它不仅可爱，还具备大型犬的狩猎与防卫的本领，有梗类犬的特质。吉娃娃不抗寒，适合养在室内，冬天外出需加外衣御寒。它动作迅速，以匀称的体格和娇小的体形广受人们的喜爱。吉娃娃对生活空间要求不高，每天都能待在家里，非常适合居住在公寓的人饲养。吉娃娃市场价格高，每个月需要高级狗粮、营养膏等物质，还容易生病、骨折，治疗时花费也挺高的，不建议经济条件不太好的人饲养。

脚纤细，脚趾在纤秀的小脚上恰到好处地分开，脚垫厚实

头部呈圆形，最好的品种是呈圆形的"苹果形"

尾巴长短适中，呈镰刀状高举或向外，或者卷在背上

颈部略有弧度，完美地与肩结合

前腿在肩部位置较窄，向下渐渐变宽，前腿直，使肢部活动不受约束

后肢肌肉强健，距离适当，不太靠里或太靠外，强壮且坚固

饲养指南： 吉娃娃每天喂两顿饭，时间为早上9点和下午5点。零食可以作为奖励在训练时投喂，但是量不宜过多。体形一般的吉娃娃每天食用肉类60~90克；体形较大的吉娃娃则每天食用肉类约150克，再加等量的蔬菜和饼干。食物要以温热为主。对吉娃娃犬来说，有的食物千万不能喂食，否则轻则生病，重则致命。例如太咸的食物，高热量的食物，糖分高的糖果、饼干、巧克力、火腿、饮料、酒、洋葱和大蒜等。吉娃娃怕冷，受寒后患肺炎和风湿性关节炎的概率很高，因此，在冬季一定要注意保暖。太热、太冷的环境都容易让吉娃娃生病，所以主人要在天气好的时候再带它出去散步。

产地血统： 有人认为吉娃娃原产于美洲，也有人认为它是随着西班牙的侵略者到达新世界的品种，还有人认为它是从中国而来的。以此来看，吉娃娃不会来源于一个品种，自古就是由多个品种杂交而来的。

历史起源： 主流观点认为，19世纪，吉娃娃由墨西哥人所饲养的犬发展而来，历史悠久。1923年，美国成立吉娃娃俱乐部。1949年，英国成立吉娃娃俱乐部。

寿命：13~14年 | 成犬身高：15~23厘米 | 成犬体重：1~3千克 | 主要用途：伴侣犬

美国玩具梗

又称狐狸玩具梗 / 可爱、活泼、机敏

美国玩具梗有一种健将的风采，它的体形发育非常匀称，且成熟机敏、精力充沛。经常被当作展示犬使用，同时也是优秀的伴侣犬。它依然保留了猎犬的特性，在野外会非常兴奋，十分喜爱野外狩猎活动。经过训练后，它也可以成为残障人士的助理犬。美国玩具梗对主人很忠诚，只喜欢和承认一个主人。

饲养指南：美国玩具梗在饲养时，需要控制食量。每天需要喂食肉类 60~90 克，还需要喂食等量的蔬菜和饼干。食物以温热为宜。美国玩具梗怕冷，受寒后容易患肺炎和风湿性关节炎等病。因此，一定要注意给它保暖。每天顺被毛生长的方向进行梳毛护理，清洁体毛，促进皮肤新陈代谢，促进新毛发的成长。给美国玩具梗洗澡时，要用狗狗专用的洗毛剂，不可以用洗发精。不用天天洗澡，避免把它的保护膜洗掉。美国玩具梗很喜欢活动，不适合整天待在室内，需要让它在室外奔跑跳跃 1~2 小时，每天早晚带它出去散步是最好的了。但是需要注意，既要让它有足够的运动量，又不能让它做过量的激烈运动，否则，会导致它呼吸困难。

眼睛圆大黑亮

被毛短而密实

前腿笔直，骨轻　　后脚有力

产地血统：美国玩具梗原产地是美国，是真正的美国品种。它是由小型短毛猎狐梗和几种玩赏犬杂交而成的，其中包括吉娃娃、曼彻斯特梗、英国玩具梗等。

历史起源：美国玩具梗起源于 20 世纪 30 年代。1936 年，美国玩具梗被美国养犬俱乐部承认。

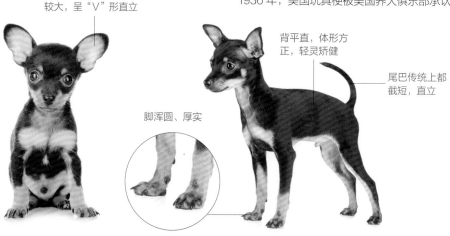

耳朵相对于身高来说比较大，呈"V"形直立

脚浑圆、厚实

背平直，体形方正，轻灵矫健

尾巴传统上都截短，直立

寿命：12~13 年　|　成犬身高：25 厘米左右　|　成犬体重：2~3 千克　|　主要用途：伴侣犬

蝴蝶犬

又称松鼠猎鹬犬 / 平和、活泼、顺从、快乐

蝴蝶犬的头部色彩丰富，呈左右对称状，两只耳朵非常像蝴蝶的翅膀，整个头部看起来就像一只美丽的蝴蝶，因此叫作蝴蝶犬。它很容易与人亲近，对主人的独占欲望强烈，但对陌生人较冷漠。由于它外形漂亮，体形小巧玲珑，所以是女性所钟爱的犬种。蝴蝶犬喜欢户外运动，因此适合有充足空闲时间的人饲养。

饲养指南：蝴蝶犬每天要食用肉类约 150 克，再加上等量的素食或无糖的硬饼干，还要为它准备适量清洁的凉开水。蝴蝶犬喜欢运动，应保证它每天都有适当的运动量，这样可增加食欲、促进消化，起到增强体质的作用。蝴蝶犬的长毛需要每天用猪鬃毛刷梳理。它的被毛要保持洁净光润，不能沾上污物，以失美观。蝴蝶犬的趾爪要及时修剪，以免抓伤主人。

头小，宽度中等，头盖骨略呈拱门形

鼻子呈圆形，黑色

脚细长如兔足，脚趾隆起，且被细毛覆盖

产地血统：蝴蝶犬原产于西班牙，是欧洲最古老的品种之一。19 世纪，法国和比利时的饲养人努力发展直立耳的品种。美国和英国的饲养人致力改良现有品种，以得到体形更小的蝴蝶犬。

历史起源：蝴蝶犬的确切起源已无法查证。1545 年，一只蝴蝶犬被记载于文献中。16 世纪，蝴蝶犬得到西班牙和法国贵族的喜爱。19 世纪，蝴蝶犬在欧洲国家得到发展。

尾巴有大羽毛状的饰毛，并朝背部弯曲

大部分为平滑毛，有些则略呈波浪状

前腿的后侧有饰毛

后腿的饰毛似裤裙

寿命：11~13 年 | 成犬身高：20~28 厘米 | 成犬体重：2.5~5 千克 | 主要用途：伴侣犬

美国可卡犬

又称可卡猎、斗鸡猎、斗鸡犬 / 温和、活泼、友好、机警

眉毛分明，眼部以下的骨骼结构轮廓分明

背部强壮，匀称，向后躯倾斜，从肩至尾根略下倾

美国可卡犬直立时，前腿会绷直，肩部耸起，后躯肌肉发达，略微下倾。美国可卡犬奔跑速度很快，耐力也很好，在运动中展示出很好的平衡性，并且工作欲望强烈。它性情温和又不失机警，深受女性和儿童的喜爱，对主人和家人充满爱心，且十分忠诚，适合家养。它还喜欢运动，适合年轻人饲养。

两前腿平行，骨骼强壮，肌肉发达，紧靠身体，位于肩胛的正下方

头部被毛短且精细

被毛中等长度，有丰厚的底层被毛保护身体

后腿无论在静止或运动时均保持平行，骨骼强壮，肌肉发达

鼻孔发达，鼻子有足够的尺寸与口吻部和前脸保持平衡

胸深，不高于肘部，躯体前部有足够的宽度以容纳心和肺

后腿肌肉强健、坚固，两腿距离适当，强壮且稳固

脚紧凑，大而圆，角质脚垫坚硬

饲养指南：美国可卡犬每天需要食用250~350克肉类，还需要适量干净的饮用水。为防止肥胖，不要给美国可卡犬喂脂肪含量过高的食物，以免影响它的体质和寿命。喂食时，不要放纵它的饮食，一定要定时定量。美国可卡犬毛发较长，容易粘上灰尘和污垢，甚至可能打结成团，影响美观，因此需要每天进行梳理，并需要每8~10周定期洗澡一次。它的耳朵是垂耳，容易患上耳病，需定期清洁耳道。

产地血统：美国可卡犬原产于美国，祖先是西班牙的猎鸟犬。

历史起源：10世纪初，美国可卡犬的祖先从西班牙被带到英国，变成英国品种。后来被带到美国，经过改良繁殖，变成小型犬，被称为美国可卡犬。1946年，美国可卡犬被公认是新犬种，属于小型犬。

寿命：12~15年 | 成犬身高：34~38厘米 | 成犬体重：10~13千克 | 主要用途：伴侣犬

约克夏梗

又称约克郡梗、约瑟犬 / 活泼、生气勃勃、勇敢

约克夏梗个子很小，却非常勇敢，聪明又富有感情，很受人们的欢迎。约克夏梗的动作敏捷而轻快，对主人忠诚、热情，对陌生人则保持距离。它会毫不犹豫地攻击其他犬，即便是比自己大的犬。约克夏梗有捕捉老鼠的习惯，它身上的毛很不容易打理，适合在室内生活。约克夏梗很温顺，通人性，适合老年人饲养。它不用每天出去运动，室内可以满足它的活动需求，无体味，适合家庭饲养。

耳朵小，呈 "V" 形，直立耳

被毛有光泽、精致，像丝一般

眼睛中等大小，不突出，颜色深而明亮

饲养指南：饲养约克夏梗时，应该少喂食肉类食物，多喂食蔬菜类食物。夏季的食物最好是加热后放凉的新鲜食物。食物的量应该适当，不要有剩余，多为其提供清洁的饮用水。约克夏梗的被毛需定期梳理，并常为其洗澡、修饰、扎毛，保持毛发的柔顺、光泽，以保持它典雅、尊贵的姿容。冬天给约克夏梗洗澡的时候，水温应保持在 35~38℃，夏天洗澡时，水温应保持在 15℃以上。约克夏梗的耳道要定时清洁拔毛，保持透气性。

产地血统：约克夏梗原产于英国东北部的约克郡。苏格兰人携带的斯开岛梗等梗类犬，和当地梗交配后形成约克夏梗。约克夏梗含有马耳他犬、黑褐梗、曼彻斯特梗、短脚长毛梗的血统。1880 年，约克夏梗被引进美国，后经过与小型犬配种，体形逐渐小型化。

历史起源：约克夏梗的历史只有100 多年。1861 年，约克夏梗首次在英国的狗展上露面。当时被称为苏格兰梗，用作驱鼠的工作犬。1870 年，更名为约克夏梗。1872 年，被承认是纯种犬。20 世纪后遍及世界各地。

头部小且顶部较平

背较短，背线水平

前腿直，肘部既不内翻，也不外翻

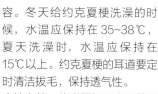

寿命：12~16 年 ｜ 成犬身高：约 23 厘米 ｜ 成犬体重：3.2 千克 ｜ 主要用途：工作犬、伴侣犬

哈瓦那犬

又称哈瓦那比熊犬 / 敏感、友善、活泼、可爱

哈瓦那犬是短腿小型犬，毛发非常柔软和厚密，尾巴上有很多毛，呈弯曲状翘向后背，是一种富有感情的犬。哈瓦那犬走路的姿态很特别，富有弹性，前腿直线行走，后腿也会趋于同一直线向前行走，肩部活动自由。哈瓦那犬很聪明，很好训练，不需要太大的活动空间。它的个性温顺、安静，和孩子会相处得很好。哈瓦那犬适合在城市饲养，也很适合懒人饲养。哈瓦那犬毛发难以打理，容易弄脏，需要定时为其打理，而且它比较黏主人。工作忙碌，没有时间照顾狗狗的人不适合饲养它。哈瓦那犬对居住条件要求很高，适合有一定经济能力的人饲养。

眼睛非常大，呈杏仁状，颜色非常深，表情温和

后腿相对较短，骨骼良好，肌肉发达

饲养指南：哈瓦那犬体重较轻，食量也较小，只需肉类与蔬菜适度搭配即可。另外，需要喂它一些干净的饮用水。哈瓦那犬性格安静，不喜欢运动，偶尔带它出去散步就可以了。哈瓦那犬毛发需要经常梳理，或者4~6周清理一次，避免粘连脏污打结。

产地血统：哈瓦那犬来源于古巴，是古巴当地犬的后代。西班牙和意大利的犬可能有一部分有哈瓦那犬的血统。

历史起源：哈瓦那犬是一种古老的品种。它的祖先在地中海地区的波利尼斯时代就已存在，该品种可能起源于马耳他岛。1959年，哈瓦那犬进入美国。

具有软毛的双层被毛，分别是内层的短绒毛和外层的粗毛

颈部中等长度

前腿骨骼比较直，从肘部到肩胛部的长度与脚到肘的长度相等

头骨宽阔，多呈圆形，有合适的前额和吻间的凹陷线

寿命：14~15年 | 成犬身高：20~28厘米 | 成犬体重：3~6千克 | 主要用途：伴侣犬

骑士查理王猎犬

又称查理士王小猎犬 / 活泼、文雅、可爱、勇敢

骑士查理王猎犬长相华丽、大方，十分勇敢，不需要经过修整、雕琢或人为改变就具有贵族的优雅气质。骑士查理王猎犬动如脱兔，在玩乐的时候活力十足，不动的时候则静如处子，能够在众人面前表现出优雅的气质。在这一动一静之间，骑士查理王猎犬总是能自由转换，恰当控制，这正是人们爱它的原因。骑士查理王猎犬精力充沛，喜爱运动，不喜欢独处，所以不适合平时忙于工作、没有休闲时间的人饲养。骑士查理王猎犬需要主人的陪伴，所以很适合老年人饲养。

眼睛大且圆，但不突出，两眼距离适中，颜色呈温和的、非常深的褐色

前腿直且肘部紧贴身体侧面，腕部强壮，脚紧凑，脚垫厚实

从背后看，两条后腿相互平行

头部与身体的比例匀称

耳朵位置高，长有许多饰毛，具宽宽长长的垂耳

颈部长短恰当，没有松弛的喉部，肌肉发达，并形成轻微的弧度

行动和站立时，背线都保持水平

中等长度、丝质、卷曲的被毛

饲养指南：骑士查理王猎犬每天需要喂食肉类 200 克左右，再加等量的干素料或饼干。饼干选用无糖的饼干，有利于保护牙齿。另外还需要饮用干净的饮用水。骑士查理王猎犬喜欢运动，应保证它每天都有一定的运动量，可以经常带它出去活动。骑士查理王猎犬需要每天梳毛，避免粘上污物，影响其健康和美观。夏季，每 3~5 天洗澡一次；其他时间，也要保证 3~4 周洗澡一次。

产地血统：骑士查理王猎犬原产于英国，是很古老的品种。骑士查理王猎犬很受人欢迎，致使它们近交培育频繁，结果导致它们的心脏病发病率高，可能是心脏病发病率最高的犬种了。

历史起源：骑士查理王猎犬起源于 15 世纪的英国。17 世纪，欧洲宫廷常见一种长毛小猎犬，英王查理一世和查理二世很喜欢它，因此用查理王取名。1945年，骑士查理王猎犬由英国养犬俱乐部登记注册。

寿命：9~12 年 | 成犬身高：30~33 厘米 | 成犬体重：5.5~8 千克 | 主要用途：伴侣犬

墨西哥无毛犬

又称佐罗兹英特利犬 / 机灵、活泼、友善、欢快、安静

　　墨西哥无毛犬的皮肤呈暗深的粉红色，皱巴巴的皮肤上布满了雀斑，在两耳之间、下颚，以及尾巴末端有黄褐色毛发覆盖，尾巴跟老鼠尾巴很相似。它曾被作为暖床犬和宠物饲养，但是不太受人们喜爱。由于它本身无毛，所以自身的体温偏高。墨西哥无毛犬活泼、欢快，对陌生人存在较高的防备心。它很高贵，姿态优雅，和一般猎犬或梗犬不同。墨西哥无毛犬性情温顺，黏人，十分乖巧，适合家庭饲养，也适合对长毛动物过敏的人饲养。

饲养指南： 墨西哥无毛犬每天应喂食适量的肉类，再加等量的干素料或饼干。同时要为它提供干净的饮用水。墨西哥无毛犬的运动量不宜过多，适当散步即可。要注意保护墨西哥无毛犬的皮肤，因为它身体无毛，要注意防寒和清洁卫生，还要注意其是否对某些纺织品过敏。

耳朵通常按50°~80°的角度生长

眼睛略呈杏仁状

脚小，脚趾尖能缩回，酷似兔足

柔软的背部一直延伸到浑圆的尾部

头细长，头骨窄

胸深且相当窄

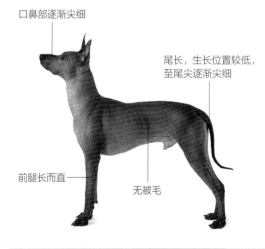

口鼻部逐渐尖细

尾长，生长位置较低，至尾尖逐渐尖细

前腿长而直

无被毛

产地血统： 墨西哥无毛犬原产于墨西哥。它的生理结构让人想到视觉猎犬，其个性和猎狐犬非常相似。古代的阿兹特克人曾广泛豢养墨西哥无毛犬，将其作为祭祀的牺牲品。因为墨西哥无毛犬的体温比较高，阿兹特克人把它养在家中暖床用，还拿它治疗关节炎，或给患者保暖。饥荒时期，它还曾被当作食物食用。

历史起源： 墨西哥无毛犬起源于16世纪。距今1000多年前，在墨西哥的古代坟墓中，发现疑似墨西哥无毛犬的遗骸。16世纪，西班牙人征服墨西哥时，墨西哥无毛犬惨遭屠杀。在殖民时期，它濒临灭绝。20世纪初，墨西哥的革命结束，墨西哥无毛犬成为墨西哥民族认同感的象征。1956年，墨西哥无毛犬被墨西哥官方认可。

寿命：12~15年 | 成犬身高：28~31厘米 | 成犬体重：4~8千克 | 主要用途：安慰犬、伴侣犬

小型德国狐狸犬

又称狐狸狗 / 活泼、顽皮、聪明

小型德国狐狸犬性格活泼、聪明，表情充满智慧。它的毛色以纯白比较常见，也会出现黑色、橙黄色、黄色等。它对自己的主人很忠实，良好的记忆力使它受训起来也很快，受到人们广泛的喜爱。小型德国狐狸犬需要进行适当的训练，需要主人花费一定的时间和精力，平时忙于工作的人不适合饲养这种犬。小型德国狐狸犬体形偏小，灵动可爱，适合女性和有孩子的家庭饲养。

鼻圆，小且呈黑色，褐色狐狸犬的鼻呈黑褐色

颈中等长度、宽、略呈拱形

脚趾拱形自然

耳朵小，位置高，呈三角形、尖、竖立，尖端硬

上层被毛长、竖直，下层被毛短、厚、棉线样

后腿肌肉非常发达，至飞节覆盖有丰富的被毛

前脚小、圆且紧凑，被称为猫脚

饲养指南： 小型德国狐狸犬每天需喂食适量的肉类，再加等量的干素料或饼干，还要为它提供干净的饮用水。小型德国狐狸犬不需要太大的活动量，偶尔带它出去散步即可。小型德国狐狸犬有双层被毛，丰富的被毛需要每天进行梳毛，或者定期进行修剪，避免藏污纳垢，影响美观和身体健康。

产地血统： 小型德国狐狸犬原产于德国，是由拖雪橇的大型狐狸犬繁殖培育而来的品种，外貌与狐狸相似。

历史起源： 小型德国狐狸犬起源于19世纪，许多专家认为，现今世界上多数小型狐狸犬的祖先便是这种犬。

寿命：10~12 年 | 成犬身高：23~28 厘米 | 成犬体重：8~10 千克 | 主要用途：玩赏犬

迷你贵宾犬

又称贵妇犬、卷毛犬 / 聪明、快乐、温顺、安静、可靠

　　迷你贵宾犬的智商仅次于边境牧羊犬，是世界上第二聪明的犬种。迷你贵宾犬是需要修剪毛发和做精心美容的，这样可使它具有与众不同的身姿，散发出特有的高贵气质。它聪明好学，在马戏团中很容易见到。迷你贵宾犬是一种忠实的犬种，它的性情优良、活泼，和人很容易相处。它动作敏捷，步伐自信，身姿优雅。迷你贵宾犬是很适合在城市中饲养的狗狗，受到年轻女性的喜爱，有孩子、老人的家庭也很适合饲养。它掉毛比较少，适合不喜欢打扫狗毛的人饲养，但是如果对狗毛过敏，则不适合饲养。迷你贵宾犬比较黏人，喜欢和人待在一起，不适合平时比较忙碌的人饲养。

尾巴直，尾根位置高，尾巴上举

两眼距离足够远，表现出警惕、聪明的表情

前腿非常直，两前腿相互平行，肌肉发达，骨骼良好

脚小，呈卵形，脚趾上拱，脚垫厚实

鼻子明显且发育良好，鼻孔张开

眼睛呈卵形，颜色非常深

背部坚实，肌肉发达

后腿直，两后腿相互平行，肌肉发达且非常明显

饲养指南： 可用狗粮搭配蔬菜和鸭肝喂食迷你贵宾犬。每月需带它去草地吃一次草，它会把草吃掉，然后吐出来，这叫洗肠胃。迷你贵宾犬每天需运动20~40分钟，也可在这段时间训练它做一些高难度动作。迷你贵宾犬的毛发卷卷的，需要重点修饰。它的毛能被修剪成各种形状，最常见的是狮子状和羊羔状，非常受人们的欢迎。迷你贵宾犬最常见的病症是皮肤病和耳朵感染，要注意卫生清洁。

产地血统： 迷你贵宾犬确切的产地不是很清楚。它是由标准贵宾犬和马耳他犬及哈威那犬杂交后培育的小型品种。贵宾犬在路易十四到路易十六时期的法国宫廷中颇为流行，17世纪时，出现了迷你贵宾犬。

头颅稍圆，止部浅而清晰

耳朵很长，很宽，而且有丰富的饰毛

颈部结实，颈背后略微拱起，长度中等

历史起源： 迷你贵宾犬在西欧有约400年的历史。17世纪的绘画中，出现了迷你贵宾犬的身影。18~19世纪，马戏团中很流行迷你贵宾犬。19世纪末，迷你贵宾犬首次被介绍到美国。第二次世界大战结束后，迷你贵宾犬开始在全世界流行。

寿命：14~17年 | 成犬身高：25~38厘米 | 成犬体重：6~9千克 | 主要用途：伴侣犬

罗成犬

又称小狮子狗 / 温柔、积极、欢快、活泼

罗成犬最初在欧洲贵族阶层很流行，后来逐渐减少，现已成为全世界最稀有的宠物犬之一。罗成犬生性温顺、聪明伶俐，毛发常被修剪成小狮子的模样。它的身躯紧凑而匀称，表情丰富，头和吻相对较短而宽。它行走时步态高傲、活泼。罗成犬很适合年轻女士饲养，也适合有孩子和老人的家庭饲养，是一种很好的玩赏犬。

饲养指南：罗成犬每天需食用新鲜肉类 150 克左右，再加等量的素食。可以给罗成犬吃一些无糖或低糖的硬饼干，避免其过于肥胖，不利于健康和美观。给它准备的饮用水最好为清洁的凉开水。罗成犬每天需要一定的运动量，活动时间以 30 分钟为宜。罗成犬的毛发需要定期梳理或者修剪，这样才能保持它可爱的形态。

眼睛颜色较深，两眼距离分得较开

尾位置高，中等长度，向上延伸

产地血统：罗成犬原产地在法国。

历史起源：罗成犬起源于 16 世纪的欧洲。罗成犬小巧、活泼、可爱，欧洲贵族阶层很喜爱这种狗。18 世纪中期，它曾在德国画家戈雅的油画中出现。后来数量逐渐减少。到 1960 年，它已成为全世界最稀有的宠物犬之一。

脚笔直指向前面，脚垫深，脚趾圆拱，趾甲短

后脑宽，止部缓和

颈部有足够的长度，略微圆拱，平滑地融入肩胛和背线中

| 寿命：12~15 年 | 成犬身高：25~33 厘米 | 成犬体重：4~8 千克 | 主要用途：玩赏犬 |

日本狆

又称日本狆犬 / 活泼、好奇、警惕、聪明

日本狆的外形与北京犬相似，这种犬感情丰富，对主人很忠诚，是一种十分有趣的家庭犬。它对熟悉和喜欢的人充满感情，对陌生人或新情况有警觉。它很敏感，向主人撒娇被拒绝时，会显得多愁善感。日本狆的神态高傲，举止潇洒，性情幽默，喜欢表现自己，是品种优良的展示犬。日本狆是很好的家庭犬，适合有孩子和老年人的家庭饲养。它的毛发很长，被毛需要经常打理，而且每天都需要有一定的运动量，不适合工作忙碌、没有足够时间的人饲养。

饲养指南： 日本狆每天需食用适量的新鲜肉类，再加等量的素食、无糖或低糖的硬饼干。每天还要为其准备适量清洁的凉开水。日本狆需每天梳理被毛。要保持其眼部清洁，可用硼酸水洗眼。还要保持其耳部清洁，防止污垢堆积而影响健康。

头颅大、宽，在两耳间显得略圆

下垂耳小，呈"V"形，耳朵距脸的距离很远，位于头顶较偏下的位置

产地血统： 日本狆的祖先是中国犬，属于西藏猎獚犬的后代。日本狆传入日本后，经过杂交繁衍形成固定品种。据专家推断，在英国，日本狆和当地的小型犬杂交过，所以日本狆和骑士查理王猎犬非常像。

历史起源： 732 年，日本狆的祖先传到日本，在日本当地经过杂交繁衍而形成日本狆，当时深受日本皇室和上流社会的宠爱。19 世纪，日本狆传入欧洲及美国。

鼻子非常短且宽，鼻孔开阔

前腿直，骨骼纤细，肘部贴近身体

后腿直，骨骼纤细

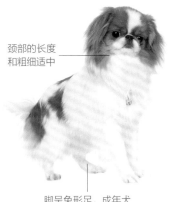

颈部的长度和粗细适中

脚呈兔形足，成年犬的脚趾末端有饰毛

寿命：12~13 年 | 成犬身高：23~25 厘米 | 成犬体重：2~5 千克 | 主要用途：伴侣犬

科克犬

又称可卡猎鹬犬 / 开朗、聪明、顽固

　　科克犬是一种理想的寻猎犬，它的身躯健壮而紧凑，鼻子宽大，嗅觉灵敏，嘴巴较大，鼻梁较深，能够精准又仔细地衔咬东西。它的性情开朗、聪明，有时又非常顽固，在激动和兴奋的时候，尾巴会一直激烈地摇摆，狩猎时表现得尤为明显。科克犬很忠诚，给它足够的爱，它会成为忠实的伴侣。科克犬是适合家庭饲养的犬种，适合有小孩或者老人的家庭饲养。它的毛必须经常修剪和梳理，而且每天需要保持一定的运动量，不适合工作忙碌、没有足够时间的人饲养。

眼球圆而丰满，眼睑略呈杏仁状

被毛是丝状，平坦或略微呈波浪状，其质地很容易打理

胸部深，最低处不会高过肘部，胸前部十分宽阔

脚紧凑、大、圆而稳固

头部圆，但不夸张，也不趋向平板状

耳朵呈叶片状、长，耳郭精美

颈部有充足的长度，允许鼻子轻松地伸到地面

饲养指南：科克犬的幼犬出生 50 天左右要断奶，然后喂食羊奶和其他易消化的食物。等长到 2~4 个月，再喂些生鱼、生肉、新鲜蔬菜及骨粉等营养丰富的食物。主人必须经常梳理、修剪科克犬四肢和耳朵上的被毛，还要保证科克犬有足够的运动量，以避免其过度肥胖。

产地血统：科克犬原产地在英国。

历史起源：科克犬起源于 19 世纪的英格兰西南部和威尔士地区，当时主要用来猎取山鹬，是一种理想的寻猎犬。

背线略微向肌肉发达的后腿倾斜

角质的脚垫，既不向内弯，也不向外翻

两前腿彼此平行、直，骨骼和肌肉强健，位置贴近身躯

后腿的骨骼和肌肉强健，膝关节角度适中，大腿有力

寿命：9~11 年　|　成犬身高：35.5~38 厘米　|　成犬体重：13~15 千克　|　主要用途：猎鹬犬

巴吉度犬

又称巴塞特猎犬 / 聪明、柔顺、伶俐

略微凹陷的眼睛，呈褐色

鼻子色素沉积充分，呈暗黑色

巴吉度犬是备受赞誉的痕迹追踪犬，擅长在崎岖不平的陆地上工作，有很强的耐力，工作很投入，在空旷地区，可长时间进行工作。它性情温和，动作沉稳但不显笨拙。巴吉度犬原被训练为专门捕捉野兔、雉鸡等的猎犬，其腿虽短，但因具有敏锐的嗅觉和良好的耐力，仍是追捕猎物的优秀犬种。巴吉度犬聪明伶俐，性格活泼开朗，柔顺听话，是一种很可爱的狗狗。巴吉度犬独自在家里时，会发出吼叫声，需要主人在身边陪伴。它经常流口水，需要时时清理，耳朵和毛发也需要每天清理，不适合有洁癖的人饲养。

颈部长而有力，略呈圆拱形

平滑而浓密的被毛短而硬

饲养指南： 在配种季节，要适当增加巴吉度犬公犬的矿物质和维生素的摄取量。因此，可在它的食物中适当增加羊奶、瘦肉、鱼肝油、鸡蛋及胡萝卜等，每天喂食两次，以八成饱为宜。巴吉度犬经常流口水，需要经常帮它清理。其耳朵容易发炎，每天都需要进行清洁。此外，它每天要有适量的运动。

产地血统： 巴吉度犬原产地在法国西部。它是一种比较传统的品种，是由寻血猎犬演化产生的犬种。

历史起源： 巴吉度犬有 100 多年的历史。1863 年，巴吉度犬出现在巴黎犬展。1883 年，巴吉度犬传到英国。1880 年，美国独立战争后，有人把巴吉度犬赠送给乔治·华盛顿，它从此传入美国。1964 年，巴吉度犬被美国养犬俱乐部认可。

头部略呈拱形，后枕骨突出，且十分清晰

背部呈水平，无凹凸不平的地方

耳朵非常长，位置低，向前拉的话，可以超过鼻尖

前腿短而有力，骨骼重，皮肤带有皱纹

两后腿互相平行，飞节不向内弯曲，也不向外翻转

尾巴位于脊椎延伸的位置，略微卷曲

寿命：12~13 年 ｜ 成犬身高：33~38 厘米 ｜ 成犬体重：21~25 千克 ｜ 主要用途：狩猎犬、伴侣犬

瑞典腊肠犬

又称瑞典达契斯布雷克 / 机警、友善、聪明

瑞典腊肠犬与其他小型猎犬的共性有很多，但相对来说它的身体更长，腿脚较短。它有灵敏的嗅觉和响亮的吠声，用来狩猎野兔、狐狸、野猪等动物，猎人可以根据其叫声判断方位来追踪，即使在密林中也不会跟丢。瑞典腊肠犬性格很机警、聪明、友善，喜欢活动，安静的时候显得悠闲。瑞典腊肠犬很敏锐，随和，没有攻击性。瑞典腊肠犬是适合在城市中饲养的狗狗，适合能够正确调教狗狗的人饲养，也适合有大孩子的家庭饲养。瑞典腊肠犬喜爱运动，很适合有时间且喜爱运动的人饲养。

饲养指南： 瑞典腊肠犬需要补充足够的矿物质和维生素，如果矿物质和维生素摄入不足，会影响其骨骼的发育，并降低其对疾病的抵抗能力。瑞典腊肠犬需要每天散步最少两次，一次至少 20 分钟，千万不能把它整天关在家里。瑞典腊肠犬的毛发每周需要梳理一次，以去除其身上的灰尘。耳朵也需要定期清理，预防耳朵发炎。

产地血统： 瑞典腊肠犬原产地在瑞典。最初是瑞典品种，现代的瑞典腊肠犬是不同品种的混合，最主要的是威斯特法连犬和达契斯布雷克犬两种犬类。

历史起源： 瑞典腊肠犬起源于 20 世纪。1947 年，它被命名为瑞典腊肠犬。1949 年，它被瑞典养犬俱乐部正式认可。1956 年，它被加拿大养犬俱乐部承认。

头部长度适宜，两耳间距较大

长形身体和短腿给人长方形的感觉

尾巴翘起的高度从不会高过背部

侧垂的耳朵大小适中

前腿直，脚结实，脚趾紧凑

鼻子、嘴巴一般是黑色或和被毛色一致

寿命：14~17 年 | 成犬身高：29~41 厘米 | 成犬体重：15 千克左右 | 主要用途：狩猎犬

迷你腊肠犬

又称獾狗 / 聪明、勇敢、好奇

　　迷你腊肠犬有一项特殊的技能就是抓老鼠，追踪猎物时，它具有惊人的耐性及体力。这种犬嗅觉敏锐，体形很小，可以很自由地钻入洞中驱赶兔子、狐狸等猎物。它经常有滑稽的举动，很容易训练，对陌生人充满戒备，但是忠于主人。其所有的感官都相对发达，在地面或地下工作时会表现出永不放弃的精神。迷你腊肠犬勇敢、精力充沛，性格活泼开朗、聪明、谨慎、自信、敏感、友善。迷你腊肠犬独立，很容易理解并遵从主人的命令，在家很安静，照顾起来很容易。它很适合家庭饲养，也适合没有太多闲暇时间的人饲养。

臀部长、圆且丰满

头部呈锥形，向鼻尖方向逐渐变细

胸骨在前面有明显的突出，使两侧胸显示出凹陷

脚整体和谐，呈球状，脚垫厚实

饲养指南： 水对迷你腊肠犬来说极其重要，水分摄入不足会对腊肠犬的生命有重大影响，因此，必须给予它足够的新鲜饮用水。每天需合理喂食肉类 150~300 克和等量的饲料。注意肉类需要煮熟后再切碎，加水混合后喂食。为了让迷你腊肠犬养成良好的习惯，喂食物的时候，要规定好地点和进食时间，进食时间控制在 15~25 分钟。迷你腊肠犬体长腿短，容易发胖，因此每天需要保持一定的运动量。迷你腊肠犬不适宜跳跃，也不适宜握住前腿拉起它或让其上下高层楼梯，以免它的脊椎骨移位或导致其他疾病。

产地血统： 迷你腊肠犬原产于德国，它属于泰克尔犬的后代。

历史起源： 迷你腊肠犬起源于 20 世纪，有硬毛、长毛、短毛三种品类。20 世纪初，英国开始培育用作玩赏的迷你腊肠犬。1935 年，小型腊肠犬俱乐部在英国成立。1959 年，英国正式认可硬毛迷你腊肠犬。

| 寿命：14~17 年 | 成犬身高：13~23 厘米 | 成犬体重：4~5 千克 | 主要用途：狩猎犬 |

科克尔犬

又称库依克豪德杰犬、小型荷兰水禽猎犬 / 勤奋、聪明、温顺、害羞

科克尔犬具有很好的教养，不会乱吠，散步时会始终跟着主人的脚步，不易跟其他犬发生冲突。科克尔犬生性安静，在觉得孤独的时候会发出"呜呜"的声音，在开心欢快的时候才会叫几声。它的尾巴还可用来引诱野鸭子。科克尔犬性格开朗活泼，聪明伶俐，服从性强。科克尔犬对陌生人很慢熟，慢慢建立信任后，则可以成为终身的好朋友。科克尔犬需要有一定的运动量，适合公寓饲养，也很适合家庭饲养。主人需要带它去运动，经常为它梳理毛发，适合时间充裕的人饲养。

耳朵长满边毛

被毛色呈淡黄色、肝色、深褐色

饲养指南： 科克尔犬每天需要食用大约 300 克的食物。新鲜肉类、蔬菜需要煮熟、切碎后，与等量的麦片、饼干等熟干料等，加上少量水调和后再喂食。科克尔犬的运动量较大，每天都要保持一定的运动量。主人需要做好科克尔犬的清洁卫生工作，尤其是要经常梳理它的被毛，防止灰尘影响健康。还需要定期检查它的耳朵，注意卫生，防止产生疾病。

产地血统： 科克尔犬原产于荷兰，它是猎犬家族的一员。

历史起源： 17 世纪和 18 世纪，科克尔犬在荷兰是很流行的，它曾经出现在荷兰画家扬·斯特恩和伦勃朗的油画中。相传，科克尔犬的吠声曾经唤醒当时奥兰治的威廉一世王子，制止了一次暗杀，所以当时它很受欢迎。

头颅与嘴鼻部等长

覆盖着保护性防水被毛

被毛长度中等，略呈波浪形

体形小，比例协调

寿命：12~15 年 ｜ 成犬身高：35~41 厘米 ｜ 成犬体重：9~11 千克 ｜ 主要用途：猎水獭犬

比格犬

又称米格鲁猎兔犬 / 可爱、开朗、服从

比格犬体形较小，很容易驯服，有"动如风，静如松"之称。它对主人的感情很深厚，善解人意，非常受人们的欢迎。比格犬充满热情和活力，活泼，不怕生，有很好的体力和耐力。比格犬成群时喜欢吠叫、吵闹，最好单只喂养，可以纠正其乱叫的毛病，避免扰邻。比格犬充满着好奇心，活动量大，对于喜欢运动的人是绝佳的选择。它容易受到诱惑，一点声音都会吸引它，很适合有专业训练经验的人饲养，也适合负责任、有空闲时间的人饲养。

饲养指南： 比格犬吃东西无度，但吃多了容易发胖，随之会带来心血管等方面的疾病，因此，必须控制其食量。比格犬贪吃，所以家中的食物要保持干净卫生，避免因吃了不干净的东西而生病。比格犬体能旺盛，每天都需要做大量运动，如果它的运动欲望没有得到满足，可能会导致情绪不好，甚至可能会引发破坏行为。比格犬耳垂比较大，经常会生耳螨，主人必须定期清洁其耳朵。

尾巴既粗又长，为坚挺上扬的剑状尾

前腿壮、后腿大，腿部肌肉很发达

产地血统： 比格犬原产于英国。据说比格犬是2000多年前由古希腊较大体形的猎狐犬繁育而来的，后来经过不断繁衍演变成现在的形态。在英国，它一直作为狩猎野兔的犬种被饲养。

历史起源： 亨利八世和伊丽莎白一世时期，曾有小到可以放在猎装口袋里的品种。美国比格犬俱乐部和美国养犬俱乐部做出过评估，比格犬在全世界大概有十万只，它们作为家庭犬在世界各地生存繁衍。

耳朵下缘圆且宽，以黄、黑、白三色为主

脚呈圆形，脚垫丰满坚硬

头后部略呈圆形，枕部较宽

被毛毛质部分平滑而细密，部分粗糙

| 寿命：12~15年 | 成犬身高：33~41厘米 | 成犬体重：7~12千克 | 主要用途：猎兔犬 |

贝德灵顿梗

又称绵羊犬 / 机敏、温顺

眼睛比较小，有光泽，凹陷

背部有曲线，腰部呈弓形

胸部厚实，肋骨扁平

贝德灵顿梗的外表酷似小绵羊，看起来非常可爱，但是却有争强好胜的性格，其性格机敏、温顺，动作很敏捷。最初是当作猎犬使用，用来猎取狐狸、野兔和獾，经过改良，贝德灵顿梗逐渐变得温顺起来，现在是很好的居家伴侣犬。这种犬不会脱毛，适合爱干净的爱犬人士饲养。贝灵顿梗需要足够的运动量，适合有孩子的家庭饲养，它也很适应城市生活。

饲养指南：不要让贝德灵顿梗在进食前后做剧烈运动。成年犬需每天早晚各喂食 1 次，晚上可稍微多喂一点。肉类以牛肉、猪肉、鸡肉为宜。贝德灵顿梗的被毛不易修剪，第一次修剪最好由专家来做。贝德灵顿梗常见的疾病是干眼症，所以平时要注意其眼部的卫生清洁，一旦发现眼部异常，要及时治疗。

产地血统：贝德灵顿梗原产地在英国罗斯伯里，当时它的名字是罗斯伯里梗。1825 年，一只罗斯伯里梗与贝德灵顿的一只母犬交配后，产生了贝德灵顿梗。18 世纪末到 19 世纪初，贝德灵顿梗和惠比特犬、丹迪丁蒙梗等犬种混合繁育，改良出现在的品种。

历史起源：贝德灵顿梗起源于 19 世纪。1877 年，它首次作为单独的品种进行展出。

头部无眉毛，头盖骨狭窄，冠毛一般为白色

身体结实且优雅，有柔韧性

四肢长度适中，结实

脚长且肉厚，和兔足相似

有卷曲的被毛，底毛呈绵羊羊毛状

| 寿命：14~15 年 | 成犬身高：38~43 厘米 | 成犬体重：8~10 千克 | 主要用途：梗犬、斗犬、伴侣犬 |

曼彻斯特梗

又称深棕褐色玩具犬 / 活泼、勇气、机敏

眼睛小，几乎是黑色的，呈杏仁状

被毛平滑、短、密、紧凑，有光泽

曼彻斯特梗个性严谨、忠实、安静，能分清敌我，对其他犬也很友善。曼彻斯特梗是靠视觉来狩猎的，常用来猎兔、捕鼠。此犬勇气十足，动作敏捷，经过改良，保留了原有的活泼与机敏，改善了粗野和急躁的性格。曼彻斯特梗很有魅力，性格活泼，适合家庭饲养。曼彻斯特梗适合平时有时间、乐于运动的人饲养。

饲养指南：曼彻斯特梗需要用煮熟、切块的肉类 200 克，加等量的蔬菜、饼干等熟素食调拌后喂食。曼彻斯特梗不宜被整天关在室内，最好能每天让它在室外自由活动 1~2 小时，如果能带它出去散步则更好。曼彻斯特梗的被毛不长，不需要每天梳理，温度高的时候隔一天梳理一次，温度低的时候 2~3 天梳理一次。曼彻斯特梗很怕热，气温高时它会呼吸困难，夏天气温高于 37℃ 时，要为它降温，犬舍要建在通风的地方。

头部长，头部皮肤紧贴头骨，几乎是平的

口吻在眼睛下面

耳根宽而耳尖细

尾巴尖细，长度不超过飞节，位于后躯末端

鼻子黑色

脚紧凑，呈拱形，脚垫厚实，脚趾甲呈黑色

产地血统：曼彻斯特梗原产地在英国，它拥有黑褐梗的血统。据说曼彻斯特梗也有小灵犬、灵缇和意大利灵缇的血统。据推测，曼彻斯特梗也有猎獾犬的血统。

历史起源：曼彻斯特梗起源于 16 世纪。1860 年左右，英国曼彻斯特建立了这种犬的繁殖中心。在英国，曼彻斯特梗流行开来，最后传到美国。刚开始它的名字叫黑褐梗，1923 年成立的美国曼彻斯特梗俱乐部将它的名字改成曼彻斯特梗，并沿用至今。1959 年，曼彻斯特梗进行了单独登记。

| 寿命：大约 15 年 | 成犬身高：37~42 厘米 | 成犬体重：7.5~8 千克 | 主要用途：梗犬 |

边境梗

又称博得猎狐犬 / 活跃、殷勤、友善

边境梗体形娇小，是最小的梗犬之一，身上有厚实、起伏不平但很贴身的被毛，可以抵御恶劣的气候。长着同水獭相似的头形，在外出狩猎时会跟着马匹奔跑，能够应付狐狸或者獾。身躯狭窄，可以钻过狭窄的缝隙，也能克服复杂的地形，甚至钻进狭窄的洞穴猎取狐狸和兔子。边境梗具有典型的梗犬气质，感情细腻，殷勤友善。它很活跃，动作敏捷，性格温和且顺从主人，容易训练，有一定攻击性。它不知疲倦，充满勇气，会很认真地工作。适合家庭饲养，但是不适合有小孩的家庭。它每天需要定时活动、喂食，不适合比较忙碌的人饲养。

头稍平，大小适中

在短而致密的底毛上覆盖着一层较硬的粗毛

颈部干练，肌肉丰满，长度刚好，与其外形相称

前腿直立但不笨拙，站立时间距稍宽

脚小而结实，脚趾向前，有适中的弧度和厚的脚垫

饲养指南：边境梗不挑食，但要营养均衡，尤其是要保证蛋白质和维生素的摄入量。在幼犬期，可以喂它适量的生肉或鱼类，注意一定要把鱼刺和鸡骨去除再喂食。喂食量要根据边境梗的大小来调整，不要喂得太饱，要保证定时、定量、定点。边境梗需要每天在大活动场内活动2~3次，每次约30分钟，这样才能保证它的日常运动量。

产地血统：边境梗原产地在英国边境切维厄特的丘陵地区。边境梗是从丘陵地区的本地梗中培育出来的，保留了其特殊血统。

历史起源：边境梗起源于18世纪，是英国最古老的梗犬品种之一。边境的牧羊人把边境梗当作一种工作梗，用来对付狐狸或者獾。1921年，边境梗俱乐部在英国成立。

小耳，呈"V"形，中等厚度，双耳垂于头的两侧或贴于面颊

背部强壮，但可向侧面自由弯曲

鼻黑，外形美观

嘴短，正常情况下有少量短髭

胸不深，也不很窄

尾中等稍短，尾根至尾尖逐渐变细

后腿肌肉发达，适于奔跑，大腿长而结实

| 寿命: 11~12 年 | 成犬身高: 25 厘米左右 | 成犬体重: 5~7 千克 | 主要用途: 梗犬、伴侣犬 |

凯恩梗

又称短毛斯凯梗 / 聪明、忠诚、活泼

凯恩梗是一种强壮、活跃、勇敢的小型梗犬，擅长追踪石堆里的老鼠、狐狸，有时也可以对付凶猛的猫科动物，通常用来捕猎兔、鼹鼠、水獭等。凯恩梗与人和善，喜欢玩闹，是理想的家庭犬，其自然的外形深受人们的喜爱。凯恩梗适合家庭饲养，更适合有大孩子的家庭。凯恩梗毛发虽长，但是不会掉毛，只需要修理即可，容易照顾，适合没有很多空闲时间的人饲养。

饲养指南： 凯恩梗的食物最好是经加热后放凉的新鲜食物。凯恩梗的食物量要适当，最好不要有剩余，避免食用变质的食物导致其食物中毒。凯恩梗应避免在烈日下活动，犬舍也应移至阴凉处，如果天气炎热，还可以经常给它洗冷水浴。当要求凯恩梗睡觉的时候，切忌使用食物作为奖励，有了吃的之后，狗狗就会无心睡觉了。

产地血统： 凯恩梗原产于英国。它和苏格兰梗、白梗等其他高地犬种拥有同一祖先。凯恩梗被引入美国后，饲养人把它和西部高地的白梗进行交配，改良出深色的品种。

历史起源： 凯恩梗的历史可以追溯到16世纪，原来被称为短毛斯凯梗，1909年改名。1912年，凯恩梗品种被英国肯内尔犬俱乐部正式确认。

耳朵小，立耳，两耳位置分得很开

前腿的肘部不外翻、垂直

1913年，凯恩梗被引入美国。1924年，英国肯内尔犬俱乐部为了区别斯凯岛的凯恩梗和其他高地犬种，拒绝为其交配种后代进行登记。

背部水平，中等长度

尾巴较短，长有大量被毛，但没有饰毛

后脚比前脚大一些

头部短且宽，长有浓密的被毛

寿命：12~15年 | 成犬身高：25~30厘米 | 成犬体重：6~7.5千克 | 主要用途：梗犬、伴侣犬

湖畔梗

又称佩特戴尔梗 / 快活、友好、自信

　　湖畔梗性格活泼温顺，体格壮硕，体形瘦长，可以顺利地钻进石洞。它的腿部很长，可以适应各种崎岖的地形。过去经常用来猎取小动物，如獾、狐狸和水獭等，甚至可以在水中和高低不平的地面追捕猎物。湖畔梗容易与人亲近，时刻充满自信。湖畔梗大胆、自信，具有不屈不挠的精神。湖畔梗需要定期洗澡、梳理毛发、修剪趾爪、外出活动等，适合有较多空闲时间的人饲养。

饲养指南：湖畔梗每天需用煮熟、切块的新鲜肉类，与等量的低糖饼干等干素料用水调拌后喂食。湖畔梗爱动，每天都需要一定的活动时间，可以带它上街，也可以带它到公园散步。湖畔梗犬浑身都是长毛，要经常进行全身梳理，宜用梳子或软毛刷。温度高的时候，除了洗澡，还要注意其耳朵的清洁，可用棉签清除其耳朵里的污垢，防止患上耳炎。

产地血统：湖畔梗原产地是英国北部的湖畔地区。湖畔梗由贝德灵顿梗和老式英国刚毛梗交配培育而来。大概在 1830 年，英国北部的一些地区一下出现了很多梗犬，这些梗犬都以其所在的地区命名。这样就产生了拥有不同名字的同一种犬的现象，每当有专门的养犬俱乐部成立的时候，这些梗犬都会被重新命名。1912年，它们被归为一类。

头呈直角形，口吻部强劲有力

双重被毛，外层刚硬，底层紧贴皮肤表面

躯干强壮丰满

历史起源：湖畔梗是一种最古老的工作梗。据记载，在很久以前，英国大湖区的人们就用猎犬和梗进行狩猎，以捕获狐狸和海獭。大约在 1896 年大湖区的农业展览中，人们制定了湖畔梗的鉴别标准，主要从工作能力方面来进行鉴别。1921 年，湖畔梗被美国养犬俱乐部承认。

腰部短而紧凑，微下弯

后腿自然成角，但不影响前后对称

前腿强壮，笔直

大腿强壮有力，肌肉发达

脚圆，指向前方，脚趾强壮结实

| 寿命：10~12 年 | 成犬身高：33~38 厘米 | 成犬体重：7~8 千克 | 主要用途：梗犬、猎狐犬、伴侣犬 |

迷你牛头梗

热情、勇敢、平和

迷你牛头梗肌肉很发达，性格活泼且温顺，精力十分旺盛，喜欢和人做伴，对其他犬则缺乏耐心。迷你牛头梗看上去非常强壮凶猛，实际上很平和，它待人亲切，体贴耐心，照顾得当，可成为忠实的家庭犬。它的领地意识很强，喜爱群居。它需要一定的运动量，对生活环境和喂养也有一定的要求，适合有空闲时间的人饲养。

饲养指南： 迷你牛头梗应少食肉类，多食用蔬菜。夏季，迷你牛头梗的食物最好是经加热处理后放凉的新鲜食物。喂食要适量，最好不要有剩余。多让迷你牛头梗饮用一些清水。迷你牛头梗精力旺盛，运动量很大，最好每天有两次户外运动时间，每次约30分钟，散步、做游戏等皆可。保持狗舍干净卫生，经常晒洗被褥。

产地血统： 迷你牛头梗原产地在英国。它是在英格兰培育的原始牛头梗的直系后裔。由英国白梗和斗牛犬、达尔马提亚犬以及波音达犬、灵缇、惠比特犬和猎狐犬混合培育产生的现代牛头梗。后来还引入俄罗斯猎狼犬和柯利牧羊犬的血统，让牛头梗的头部更长了。

历史起源： 迷你牛头梗起源于19世纪早期，是为逗引公牛培育的，也用于斗狗。1850年，英国犬商培育出牛头梗。1862年5月，伯明翰狗展上展示了接近现代外形的白色牛头梗。之后，这只白色的狗狗被称为牛头梗，名字为"白色骑士"。1993年，迷你牛头梗被美国联邦养犬俱乐部登记注册。

头长而结实，吻部狭长，面部轮廓呈椭圆形

颈部肌肉强健、长，呈拱形

前腿骨骼粗大，长度适中而直，牢固地支撑着身体

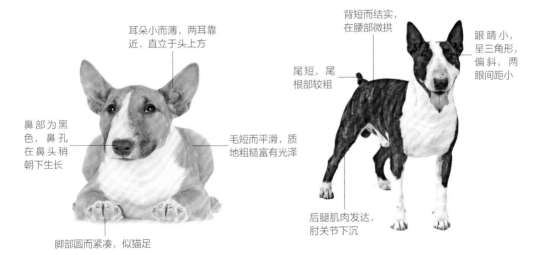

耳朵小而薄，两耳靠近，直立于头上方

鼻部为黑色，鼻孔在鼻头稍朝下生长

脚部圆而紧凑，似猫足

毛短而平滑，质地粗糙富有光泽

背短而结实，在腰部微拱

尾短，尾根部较粗

眼睛小，呈三角形，偏斜，两眼间距小

后腿肌肉发达，肘关节下沉

寿命：10~12年 ｜ 成犬身高：25~35厘米 ｜ 成犬体重：11~15千克 ｜ 主要用途：斗牛梗、伴侣犬

硬毛猎狐梗

灵敏、活泼、热情

硬毛猎狐梗的警惕性很高，动作敏捷，耳朵和尾巴的姿势很奇特。其眼睛颜色深且小，眼神充满热情，耳朵呈"V"形，很小，尾巴高举着不能卷曲。硬毛猎狐梗曾担任过军犬，并有很优秀的表现。硬毛猎狐梗富有感情而且很聪明，性格机警、活泼、热情，忠于自己的主人，嫉妒心强烈。硬毛猎狐梗性格独立，不会黏主人，适合没有很多闲暇时间的人饲养。硬毛猎狐梗容易和孩子相处，适合有孩子的家庭饲养。

饲养指南： 硬毛猎狐梗每天都需用煮熟、切块的新鲜肉类，与等量的低糖饼干等干素料用水调拌后喂食。需要注意，食物要新鲜，没有食用完的食物需要即时处理掉。还要经常喂它一些干净的饮用水。硬毛猎狐梗活泼好动，需要足够大的活动空间进行运动，十分擅长追捕等游戏。硬毛猎狐梗的毛发卷曲，需要定期梳理、清洗及修剪。

产地血统： 硬毛猎狐梗原产地是英国。据说硬毛猎狐梗这一品种的祖先之一是现在已绝种的硬毛梗。也有人认为它的祖先是生活于威尔士、德比郡和达勒姆地区的工作梗，这种工作梗拥有老粗毛，全身是黑褐色的。

耳小，呈"V"形，厚度适中

头骨扁平，向眼部缓缓倾斜

被毛卷曲，较浓，厚而生硬

脚呈圆形、紧凑、不大，脚垫致密，趾尖略拱起

历史起源： 硬毛猎狐梗起源于 18 世纪，是养殖历史悠久的一个品种。它在美国注册时，分为直毛和卷毛两个品种。1984 年，美国养犬俱乐部批准了区分短毛猎狐梗和硬毛猎狐梗的评判标准。这个评判标准自1985 年 1 月开始实行。

尾巴高翘，不卷曲

鼻子黑色

背短平，不松弛

胸深而不宽，前肋适当拱起，后肋深且富有弹性

腿直，小腿骨强壮

寿命：13~14 年 | 成犬身高：39 厘米左右 | 成犬体重：7~8 千克 | 主要用途：梗犬

短毛猎狐梗

又称德国短毛指示犬 / 友善、聪明、活泼

短毛猎狐梗聪明、友善且乐于助人，对工作充满热情和渴望，没有任何焦躁或企图逃跑的迹象。短毛猎狐梗个性活泼好动，常与其他犬争斗，喜欢游戏玩闹。它跟家庭成员感情深厚，虽然是活泼的个性，但是也有嫉妒心。喜欢和儿童玩耍，适合有孩子的家庭饲养。

饲养指南： 短毛猎狐梗每天需用煮熟、切碎的肉类200~250克，与等量的干素料加热水混合后喂食，注意一定要喂熟食。需用生理盐水定期给短毛猎狐梗清洗眼眶及眼周，如果有分泌物或经常流泪，则要用温热的硼酸水清洗消毒，然后再涂上眼药膏。短毛猎狐梗容易有牙结石，会导致口臭或者牙龈发炎，需要定期给它刷牙清洗，耳朵每个月也要清洗一次。

产地血统： 短毛猎狐梗原产地在英国，来源无法追溯。硬毛类的梗犬出现20年之后才有短毛猎狐梗的记录。它的主要祖先是短毛黑褐色梗、小猎兔犬、斗牛梗以及灰猎犬。

历史起源： 短毛猎狐梗起源于18世纪，是一种古老的品种。它比硬毛猎狐梗早展出了15~20年。1790年，有文献记载了短毛猎狐梗。后来在著名画家的画中出现了一只短毛白色猎狐梗，从此，它被世人知晓。1876年，英国确定了短毛猎狐梗这一品种的标准。

耳朵小，呈"V"形，中等厚度

脚小而圆，坚实有力，脚垫硬而粗糙

眼中等偏小，和眼眶均为黑色

颈部匀称，肌肉发达，长度适中

被毛短而光滑，平整，硬而浓密

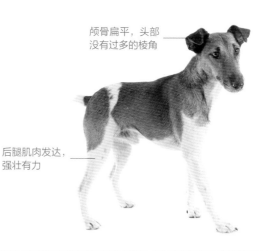

颅骨扁平，头部没有过多的棱角

后腿肌肉发达，强壮有力

寿命：15~20年 | 成犬身高：37~40厘米 | 成犬体重：7~8千克 | 主要用途：梗犬、伴侣犬

斯塔福德牛头梗

聪明、坚韧、机敏、勇敢

　　斯塔福德牛头梗是专为斗狗而培育的品种，但其好斗本性已逐渐淡化。它对主人有很高的忠诚度，也具有牺牲精神。它属于短毛犬，是力量型的犬种，肌肉发达且十分灵活敏捷。斯塔福德牛头梗很有勇气且有不屈不挠的个性，对它的朋友和小孩子是可信赖的，适合有孩子的家庭饲养。它的运动量大，力气也特别大，不适合力气小的女性饲养，比较适合有时间进行户外运动的年轻人饲养。

饲养指南：斯塔福德牛头梗不宜吃太多肉类食物，因为太多的肉类食物不仅不能使它变得健壮，反而会使它消化不良，甚至可能引起腹泻。斯塔福德牛头梗不宜食用巧克力、生肉及过期食品，否则会给身体带来很大的损伤。斯塔福德牛头梗精力旺盛，运动量也比一般的宠物犬要大，每天需带它外出运动两次，每次 30 分钟左右，散步或做游戏都可以，最好是让它尽情玩耍。斯塔福德牛头梗毛发需要及时打理，否则会出现打结等现象，被毛也要经常清洗修剪。夏天天气炎热时，必须及时给它补充水分，防止它中暑，缺水会严重危害它的身体健康。

产地血统：斯塔福德牛头梗原产地在英国的斯塔福德郡。大约在 1700 年，斯塔福德牛头梗由斯塔福德斗牛犬和多种梗犬杂交产生。

历史起源：斯塔福德牛头梗起初是为了斗狗而培育的。1975 年，美国联邦养犬俱乐部登记承认了斯塔福德牛头梗。

头部短，颅骨宽阔，面颊肌肉饱满有力，吻部短

后腿和臀部肌肉良好，从后面看两腿平行

前腿直，骨量足，分得较开

耳朵不大，半直立状，耳朵上部向下折垂

眼睛圆，中等大小

鼻子黑色

颈部肌肉很好，相当短，皮肤较松弛，但颈下无赘肉

背线平直，胸部深而宽阔

被毛短而平滑，紧紧平贴皮肤

尾巴中等长度，尾根低，不断尾，自然下垂

脚有力，中等大小，脚垫良好

| 寿命：11~13 年 | 成犬身高：36~41 厘米 | 成犬体重：11~17 千克 | 主要用途：斗犬、伴侣犬 |

诺福克梗

又称罗福梗 / *机警、大胆、温和*

诺福克梗不是玩赏犬，而是猎狩梗。其主要的特点是拥有不屈不挠的精神和勇敢的个性，对主人也很忠诚，感情丰富，对人温和顺从，没有侵略性和攻击性，喜欢交际。诺福克梗的脾气很好，适合群居，对不同的环境适应良好。诺福克梗要求空间大，不适合住房方面比较紧张的人饲养。诺福克梗很适合有孩子的家庭饲养，家中有其他宠物的也可以饲养它。

饲养指南：夏季天气炎热，犬饲料容易发酵、变质，如果误食会引起犬食物中毒。如果在喂食后不久，诺福克梗出现呕吐、腹泻、全身衰弱等症状，说明犬饲料可能已经变质，此时要将其迅速送医治疗。所以，发酵变质的食物要立刻倒掉。给诺福克梗每天提供两餐优质的干粮即可，用量取决于它们的大小。不要给它们太多的零食，否则体形太胖会影响身体健康和美观。诺福克梗每天至少需要活动1.5小时。诺福克梗在夏季气温高、湿度大的环境中，极易中暑。因此，应避免让它在烈日下活动，并将犬舍移至阴凉处。

产地血统：诺福克梗原产地在英国。诺福克梗是拥有丰富猎物的英国诺福克本地梗之一。

头部宽阔，略圆

历史起源：诺福克梗起源于19世纪。诺威奇梗是它的近亲，很长一段时间内，人们认为这两种犬是同一个品种。它们唯一的区别是耳朵不同，垂耳的是诺福克梗，立耳的是诺威奇梗。1932年，英国养犬俱乐部承认了诺威奇梗，直到1964年，才承认诺福克梗是一个独立的品种。

耳朵下垂

脚圆，脚垫厚实，具结实的黑色趾甲

后腿非常结实，肌肉发达

嘴巴紧闭，剪状咬合，牙齿巨大

被毛中长、直或卷曲，粗乱

| 寿命：12~15年 | 成犬身高：25~26厘米 | 成犬体重：5~5.5千克 | 主要用途：梗犬 |

帕尔森·罗塞尔梗

又称捷克·罗塞尔梗 / 活跃、积极、聪明

帕尔森·罗塞尔梗属于矮小型的犬种，主要用于猎捕欧洲红狐狸。狐狸受追赶会逃回地下的洞穴，帕尔森·罗塞尔梗凭借身材的优势可以追踪它们并深入地下，把狐狸驱赶出洞穴。帕尔森·罗塞尔梗对主人很有感情，喜欢守在主人的身边，它的外表看起来粗糙，性格却很细腻。帕尔森·罗塞尔梗运动神经发达，很活跃、积极，永远在忙碌着，对同性别的犬具有攻击性。帕尔森·罗塞尔梗非常适合年轻、有活力的家庭来饲养，适合有大孩子的家庭饲养，它可以和孩子一起愉快地玩耍。

饲养指南：帕尔森·罗塞尔梗每天都需用煮熟、切块的新鲜肉类，与等量的干素料或含糖少的饼干加水调拌后喂食。帕尔森·罗塞尔梗喜欢玩游戏，可经常和它做诸如追逐等游戏，也可以经常带它外出散步。帕尔森·罗塞尔梗运动神经发达，一定要注意不要让它的活动量过大，否则容易造成其膝关节脱臼。它的耳朵是向下折的，容易堆积脏污，要注意定时清洁护理。

产地血统：帕尔森·罗塞尔梗原产地在英国的南部。

历史起源：帕尔森·罗塞尔梗起源于 18 世纪中期。帕尔森·罗塞尔梗的名字源于当时英国有名的猎人和牧师——帕尔森·罗塞尔。2002 年，帕尔森·罗塞尔梗才得到美国养犬俱乐部的承认。2003 年 4 月 1 日之前，帕尔森·罗塞尔梗被称为捷克·罗塞尔梗，之后，美国养犬俱乐部将其注册名统一为帕尔森·罗塞尔梗。

耳朵小，呈"V"形，朝前方下折

胸部很窄，骨骼柔韧性很高

眼暗褐色，呈杏核形状

毛粗糙且浓密，耐水性能极好

尾巴短，尾跟位置高

四肢短、结实，腿部笔直、有韧性

寿命：12~16 年 | 成犬身高：30~36 厘米 | 成犬体重：6~8 千克 | 主要用途：梗犬、伴侣犬

威尔士梗

警惕、机灵、勇敢

威尔士梗是一种猎狩梗，最先出现在威尔士，常被用来狩猎水獭、猪獾等动物。它英勇无畏，但并不好斗，给人彬彬有礼的印象。威尔士梗非常友好，外出时不管是与人还是犬都能和睦相处。威尔士梗聪明爱玩、机灵勇敢，可以很好地进行自我控制，喜欢被取悦。威尔士梗被毛不容易打结，护理简单，梳理起来也不是很费劲，适合家庭饲养。威尔士梗的活动量不是很大，适合在城市楼房里饲养。威尔士梗有时候会有一定攻击性，不适合有小孩的家庭饲养。

饲养指南：给威尔士梗喂食时，需要用高营养的狗粮。喂食的分量要少一些，适量即可，这样易于威尔士梗消化。需要定期为威尔士梗洗澡，还要每天用硬毛刷梳理威尔士梗的毛发，此外，耳朵内外、口、鼻及下巴部位的毛要用清洗剂洗刷。威尔士梗需要一些运动，如外出散步，缺乏运动会影响它的身心健康，它会变得郁郁寡欢。

产地血统：威尔士梗原产地在英国，它的祖先是英国威尔士老式黑褐梗。

历史起源：威尔士梗起源于19世纪，是一种古老的品种。1886年，威尔士梗被英国养犬俱乐部承认。1888年，威尔士梗被引进美国。1901年，在威斯敏斯特对威尔士梗进行了分类，有45只犬参加了展示赛。

整个头部呈矩形

被毛为坚硬的刚毛

脚垫厚实，呈黑色

耳朵呈"∨"形，小，但不是太薄

腰部结实、较短

颈部的长度和粗细均为中等，略呈拱形，柔和地与肩部结合

胸部的深度合适、宽度恰当

后腿结实而肌肉发达，第二节大腿发达

脚小、圆，呈猫足状

寿命：10~12 年 | 成犬身高：36~39 厘米 | 成犬体重：9~10 千克 | 主要用途：梗犬

苏格兰梗

又称亚伯丁梗、苏格兰小子 / 勇敢、自信、威严

苏格兰梗身体小巧，结构紧实，腿部短，骨量充足。其性格稍显谨慎，很难与其他犬友好相处，个性顽固。它力气大且有时会显得蛮横，对其他犬有攻击性，对人却友爱温和。苏格兰梗有主见，热情、理智，不会乱叫，比较安静。苏格兰梗性格很好，不咬人，适合家庭饲养，但对其他犬具有攻击性，不适合家中还有其他宠物的家庭饲养。

耳朵小、直立，在颅部位置良好，但不陡峭

眼睛小、明亮、敏锐，呈杏仁状而非圆形

脚圆形、厚实、紧凑，脚趾强壮

被毛质硬，能抵御恶劣气候

尾巴直立向上，或垂直或轻微向前卷曲

后脚大腿肌肉发达，强壮有力

饲养指南：应给苏格兰梗喂食常温环境下的食物，千万不能喂食刚从冰箱中取出的食物。此外，也不能喂食坚硬的骨头。应该喂食一些煮熟的肉类，不要给它吃生肉，且肉量不能过多，适量即可。

在春、秋季，需要将苏格兰梗被毛过长的部分剪掉。苏格兰梗的耳部、颊部以及头部的被毛也要定期修剪，眉毛需要美化。

产地血统：苏格兰梗原产地在英国的苏格兰地区。很多苏格兰梗的爱好者认为苏格兰梗是所有高地梗的最古老的祖先。苏格兰梗是最原始的纯种高地梗，其血统一直很纯正。

历史起源：苏格兰梗起源于19世纪，确切的源头已经不可考。苏格兰梗别名亚伯丁梗，绰号"苏格兰小子"。1860年，在英国的伯明翰，第一次对苏格兰梗进行了分类。1882年，苏格兰梗的标准被制定出来，并且成立了苏格兰梗俱乐部。1883年，苏格兰梗被引入美国，第一只在美国登记的苏格兰梗名叫达克。

寿命：12~13年 | 成犬身高：25~28厘米 | 成犬体重：8.5~10.5千克 | 主要用途：梗犬

斯凯梗

聪明、忠诚、友好

斯凯梗原本是工作犬，其主要工作是猎捕水獭、獾和狐狸。它的肌肉发达、嗅觉灵敏、动作敏捷，能够快速准确地找到猎物并挖掘它们的洞穴，从而捕获猎物。斯凯梗喜欢追逐游戏和外出，对熟悉的人很友好，对陌生人则保持警惕。斯凯梗需要足够的活动空间，适合生活在城市中，也很适合有丰富养狗经验的人饲养。

头部长而有力

眼睛褐色或深褐色，中等大小

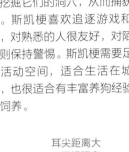

耳尖距离大于耳根距离

脚垫厚实、趾甲结实、呈黑色

被毛双层，底毛短、紧密、软，呈绒毛状

躯干长而低矮，胸深，具卵形的肋骨

饲养指南： 为了保证斯凯梗幼犬的牙齿和骨骼健康生长，应给其补充钙粉和维生素，其中钙粉的量约为每两千克体重每天 1 茶匙。每天需要给它提供新鲜的饮用水，及时补充水分，缺水会影响它的身体健康。给斯凯梗幼犬喂食时，不要让它吃太饱，七八分饱就可以了。斯凯梗活泼好动，每天需要充足的运动量来满足其需要。需要给斯凯梗的幼犬先取一个简单的名字，便于进行训练，最好选用发音简单的单音节和双音节词，让它容易记忆和分辨。

产地血统： 斯凯梗原产地在苏格兰的西北岛屿，是用来猎取水獭、獾和狐狸的。4 个世纪前的斯凯梗和今天的斯凯梗形态相似。

历史起源： 斯凯梗起源于 17 世纪，它的名字来源于苏格兰西北岛屿的一位首领。19 世纪末期，在各类梗中斯凯梗最受喜爱。刚开始，垂耳品种比较流行，19 世纪时，因为维多利亚女王很喜爱立耳品种，使得立耳品种开始流行。1887 年，斯凯梗在美国养犬俱乐部登记注册。

寿命：12~15 年 | 成犬身高：23~25 厘米 | 成犬体重：8.5~10.5 千克 | 主要用途：梗犬

锡利哈姆梗

又称西里汉姆梗 / 聪明、活泼、警惕

　　锡利哈姆梗力气很大，勇敢、聪明、敏捷、平衡感好且不张扬，学东西很快。其吠声很大，对其他犬和陌生人不太友好。锡利哈姆梗的神经很敏感，感情丰富，喜爱小孩，热心而警惕。锡利哈姆梗可以成为主人贴心的伴侣，适合家庭，尤其是有孩子的家庭饲养。

饲养指南： 对于不同大小的锡利哈姆梗，需要有不同的喂养方法。2 个月以内的幼犬，每天喂 5 次；2~3 个月的幼犬，可每天喂 4 次；4~12 个月的幼犬，每天喂 3 次；成年犬每天需早晚各喂 1 次，晚上可以比早上喂得多一些。喂养锡利哈姆梗的食物不能太咸，口味要适中，盐分太高会导致它脱毛，影响健康。锡利哈姆梗需要充足的运动量，因此，可每天带它出去散步 2~3 次，每次至少 30 分钟。锡利哈姆梗的毛发最好每天梳理一次，一周洗一次澡。

产地血统： 锡利哈姆梗原产地在英国。它是通过牛头梗、西部高地白梗、短脚长身梗以及威尔士柯基犬等犬种混合培育产生的。

历史起源： 锡利哈姆梗起源于 1850 年。1850 年到 1891 年，在威尔士的锡利哈姆，约翰·爱德华精心改良出锡利哈姆梗这一品种。1903 年，锡利哈姆梗在威尔士犬展上首次登场。1908 年，锡利哈姆梗俱乐部在锡利哈姆成立。1911 年，美国养犬俱乐部以及英国养犬俱乐部均登记承认了锡利哈姆梗。

头部长而宽

鼻子为黑色

脸上有很漂亮的络腮胡

脚垫圆，趾甲结实，脚尖呈圆拱形

耳朵大小中等，耳端呈圆形

断尾保持直立

眼睛比较圆，呈暗色，深凹

颈部肌肉发达但不粗糙，伸展良好

前腿结实，骨量充足

四肢短而有惊人的力量

寿命：约 15 年 | 成犬身高：25~30 厘米 | 成犬体重：8~9 千克 | 主要用途：梗犬、伴侣犬

西部高地白梗

又称波多罗克梗、西部宝贝 / 温和、活泼、机灵

西部高地白梗脸长得像狐狸，鼻梁较长，最初用于追捕水獭和狐狸。西部高地白梗性格开朗，对主人忠诚，深受女性和孩子的喜爱，它喜欢同孩子一起嬉戏玩耍。它不需要人类的娇惯，喜欢在水中嬉戏，在雪中玩耍，精力充沛而不觉辛苦。西部高地白梗敏捷灵巧，很聪明，活泼热心，好奇心旺盛。西部高地白梗是很好的伴侣犬，适合家庭饲养，很喜欢并懂得如何与孩子相处，所以有孩子的家庭很适合饲养它。

尾部被覆硬毛，无饰毛，尽可能地直立，尾巴呈现欢快的姿态，不卷曲于背上

从额部起头部呈圆形

鼻子大，呈黑色

耳朵小，严格直立，两耳间距宽，生长于头顶外缘

双层被毛，稍软，较长，厚实

胸非常深，延伸至肘，其宽度与犬的大小成正比

前脚比后脚大，呈圆形，与身体大小成正比，脚垫厚

后腿大腿肌肉发达，角度良好，两大腿间距不宽，跗关节弯曲良好

颈部肌肉发达，和倾斜的双肩结合良好

眼睛中等大小，呈杏仁形，深褐色，眼睛深陷

躯干紧凑，结实

饲养指南： 夏季气温高时，食物易腐败变质，因此，西部高地白梗的食物应现做现吃，最好喂食经加热处理后放凉的新鲜食物，并且要多喂食一些蔬菜。西部高地白梗需要较多的活动量和活动时间，可每天带它出去散步3~4次，其中至少有一次是长路程。西部高地白梗外出时，需要拴好牵引绳，避免它乱跑发生意外。每天都需要为它梳毛，防止毛发打结。

产地血统： 西部高地白梗原产于英国的苏格兰西部高地。西部高地白梗和所有的苏格兰梗可能起源于同一祖先。19世纪，在亚盖尔公爵的旦巴顿郡，马尔科姆上校曾在波多罗克村中进行长达60多年的培育，用苏格兰梗和白毛犬品种交配，培育出今天的西部高地白梗。

历史起源： 西部高地白梗起源于19世纪苏格兰的波多罗克，展出之前就已经有100多年的历史。许多年前，西部高地白梗被称为波多罗克梗。1907年，英国克鲁夫特第一次展出了西部高地白梗。1908年，西部高地白梗在美国养犬俱乐部登记注册。

| 寿命：14年左右 | 成犬身高：25~28厘米 | 成犬体重：7~10千克 | 主要用途：梗犬、伴侣犬 |

澳大利亚梗

又称澳洲梗 / 警惕、大胆、自信

澳大利亚梗生性顽强好斗，属于典型的看家犬。它有捕杀小的鸟兽及害虫的能力，还能捕获多种蛇类。澳大利亚梗机警灵活，可以独自看守家园，以防外来入侵者。如果不受恶意戏弄，它会和孩子相处得非常和睦，对陌生人非常警惕。澳大利亚梗无法和猫和平共处，所以养猫的人不适合饲养它。澳大利亚梗和孩子相处很好，适合有孩子的家庭饲养。

饲养指南： 澳大利亚梗的营养要均衡，尤其在饲料中要多添加一些其他犬种不易吸收的碳水化合物和纤维素。为了预防发胖，要少给其喂食蛋白质和脂肪含量过高的食物。喂食前，不能给它零食吃，否则它会出现厌食的情况。澳大利亚梗需要较多的活动量和活动时间，每天需带它外出 2 次，每次进行 30 分钟左右的运动，散步或做游戏都比较适合。澳大利亚梗的被毛每周需要梳理一次，梳理时不要太用力。

产地血统： 澳大利亚梗是澳大利亚的本土品种。澳大利亚梗的祖先是从英国来到澳大利亚的，它有凯恩梗、约克夏梗、斯凯梗、诺里奇梗的血统。

鼻子呈黑色

吻的长度等于颅骨的长度

尾巴位置高

历史起源： 1872 年至 1876 年，就有了关于澳大利亚梗的记载。1868 年，在澳大利亚昆士兰皇家展览中展示的粗毛梗是澳大利亚梗初期的形态。1885 年，澳大利亚梗在墨尔本展出。1889 年，墨尔本成立了澳大利亚梗俱乐部。1896 年，制定了澳大利亚梗的标准。1933 年，澳大利亚梗被英国养犬俱乐部认可。1960 年，澳大利亚梗被美国养犬俱乐部认可并进行注册。

耳小，直立且有尖，两耳间距离适当

身体结构稳定，胸部低于肋部，腰部很强壮

后腿肌肉发达

前腿笔直，骨骼圆，骨量中等

颈部长，有一点弓形，背线水平

外部被毛粗糙且直

脚小、整洁，像猫爪，脚趾拱形、紧凑

寿命：14 年左右 | 成犬身高：24~25 厘米 | 成犬体重：5~6 千克 | 主要用途：梗犬、看家犬

澳大利亚丝毛梗

又称丝毛梗 / 开朗、活泼、顽皮

澳大利亚丝毛梗活力充沛，有强烈的自我主张，具有追猎小动物的技能。澳大利亚丝毛梗可爱、活泼、聪慧，对待靠近自己的陌生人会保持警戒心，是理想的看家犬或家庭犬，可用于陪伴老人和孩子，适合在公寓中饲养。

饲养指南： 澳大利亚丝毛梗的生活非常有规律，最好能让它养成定时进餐的好习惯。喂食澳大利亚丝毛梗的餐具不能和其他宠物的混用，以防传播疾病。餐具在喂食后要及时清洗，并定期煮沸消毒。需要给澳大利亚丝毛梗适当补充蛋白质、维生素和矿物质等。澳大利亚丝毛梗需每天早晚各外出活动1次，注意不要将它一整天都关在室内。澳大利亚丝毛梗的被毛容易缠在一起，并出现打结的现象，需要每天进行梳理。

耳朵呈"∨"形，是小巧的直立耳

眼小而圆，颜色非常深

鼻子呈黑色

产地血统： 澳大利亚丝毛梗原产于澳大利亚的悉尼。澳大利亚丝毛梗是由澳大利亚梗和约克夏梗经过异种交配改良后培育而成的。

历史起源： 澳大利亚丝毛梗起源于19世纪。1872至1876年，就有澳大利亚丝毛梗的相关记载。1930年，澳大利亚丝毛梗被引入英国。1933年，澳大利亚丝毛梗得到英国养犬俱乐部的认可。1959年，澳大利亚丝毛梗被引入美国。1960年，美国养犬俱乐部认可了澳大利亚丝毛梗，并进行注册。1962年，制定了澳大利亚丝毛梗的标准。

头部长度适中，头盖骨平坦

被毛为丝状，细长且富光泽

胸宽中等，深度与肘齐平

颈部与肩部优雅地结合

脚小、类似猫足，圆、紧凑

四肢短小，后腿大腿肌肉发达

寿命：14年左右 | 成犬身高：23~25厘米 | 成犬体重：3.5~4.5千克 | 主要用途：梗犬、看家犬

德国猎梗

敏锐、顽强、勇敢

德国猎梗属于小型犬，是优秀的野外狩猎犬，也很适合当作工作犬，以其灵敏的嗅觉而闻名。它可以胜任大多数的狩猎活动，经过训练可以通过跟踪血迹找到受伤的猎物，也可以激飞和寻回鸟类。德国猎梗勇敢、顽强，行事果断，工作中可以很投入，充满活力，非常敏锐、可靠和友善。其性格独立，难以和人相处。适合职业猎人和护林员饲养，不适合作为伴侣犬和家庭犬来饲养。

身材短小，颅骨平坦

耳根高，耳朵呈"V"形，向前折叠，属半直立耳

肩部较长，肌肉发达

胸部深，不太宽，肋部扩张良好

脸颊丰满，上下颚有力

鼻子与吻部协调，呈黑色

前腿直而平行，肌肉发达

后腿骨量充足，后脚呈卵圆形

背线直，背结实健壮

尾巴断尾

被毛密集、粗糙

脚趾紧凑，脚垫厚而结实

饲养指南：德国猎梗的食物以温热为宜，最好在 35℃ 左右，太热不仅会影响它的食欲，还会烫坏犬齿，太凉则容易吃坏肚子。主人要注意，需要及时给德国猎梗补充水分，尤其是在炎热的夏季。德国猎梗爱运动，每天应进行一定的户外活动，散步、做游戏等皆可。

产地血统：德国猎梗原产地在德国，它是从猎狐梗和古老黑、红色英国粗毛梗中培育而来的。它的祖先是英国梗犬，包括威尔士梗和猎狐梗。

历史起源：德国猎梗起源于 19 世纪。1926 年，德国猎梗俱乐部成立。1951 年，德国猎梗被带入美国。

寿命：12~14 年 ｜ 成犬身高：33~40 厘米 ｜ 成犬体重：9~10 千克 ｜ 主要用途：梗犬

小多伯曼犬

又称雷平犬 / 活泼、机敏

小多伯曼犬体形呈方形，短而紧凑。它结实又好动，精力旺盛，非常勇敢，会扑向体形比它大很多的犬。它走路的方式很奇特，走路时膝盖弯曲得很明显，很像马走路的方式。其性格活泼机敏，对主人很忠实，遇到陌生人会吠叫，有一定攻击性。小多伯曼犬具有看护和守卫的作用，适合有老年人或者孩子的家庭饲养。

饲养指南：小多伯曼犬的幼犬每天喂 4 次，添食要从少到多、从劣至优，食量要固定，不要喂得太饱。病犬要喂食无刺激性、易消化、营养全面的食物，可多喂流食、瘦肉和蛋类。小多伯曼犬需要充足的运动量，每天需带它外出 2 次，每次进行 30 分钟左右的运动，散步或做游戏都可以，最好是让它定期尽情玩耍。小多伯曼犬外出运动时，需要使用牵引绳，需注意它会扑向其他狗狗，甚至是体形比它大的。

产地血统：小多伯曼犬原产地在德国。它是德国的传统犬种，是德国梗的后代。

头部狭窄、尖细，平衡性好

眼睛饱满，稍呈椭圆形

唇部和面颊细小、紧凑

颈部稍拱起，整洁无赘肉，肌肉丰满

胸部发育良好

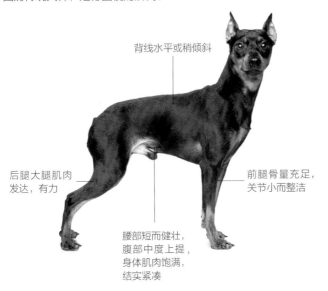

背线水平或稍倾斜

后腿大腿肌肉发达，有力

腰部短而健壮，腹部中度上提，身体肌肉饱满，结实紧凑

前腿骨量充足，关节小而整洁

耳朵有的需剪耳，耳根高，直立

鼻子一般为黑色

历史起源：小多伯曼犬起源于 19 世纪，在德国已经存在了数百年，属于古老的品种。1845 年，德国小多伯曼犬俱乐部成立。1936 年，小多伯曼犬被美国联邦养犬俱乐部登记承认。

寿命：10~14 年 | 成犬身高：25~32 厘米 | 成犬体重：4~5 千克 | 主要用途：梗犬

捷克梗

又称波希米亚梗 / 敏捷、温顺、友善

捷克梗可以在开放的野外进行狩猎活动，也能从洞穴中驱逐猎物。捷克梗动作敏捷，耐力持久，饲养起来很容易。它很有耐心，对小孩很友善，很适合作为看门犬，也是很好的伴侣犬。它拥有一身色彩柔和、如丝般的毛发，但是需要经常梳理。它的性格可爱、温顺、脾气很好。捷克梗适合职业猎人和护林员饲养，是很好的伴侣犬，也适合有孩子的家庭饲养。

长形头部，颅顶明显拱起

鼻梁直，颚部健壮，嘴唇接合良好

耳朵中等大小，耳根较高，呈三角形前折

腰部肌肉充足，腰比较长、宽

全身被毛丝状，有光泽

脚较大，脚趾拱起，趾甲坚固

两后腿从后面看相互平行，大腿肌肉发达

饲养指南： 在捷克梗不同的成长时期，饮食要有所不同，合理搭配。喂养 2~3 个月幼犬时，每天需要喂 4~5 次；4 个月时，它开始换牙，可以投喂一些骨头给它啃食；生病的捷克梗需要补充蛋白质和维生素，可喂食一些易消化的食物。捷克梗需要补充维生素和钙，因此，可在狗粮里添加肉类以及胡萝卜等蔬菜。梗犬大都非常喜欢乘车旅行，因此，在捷克梗年幼时，可带它进行几次短途旅行。捷克梗的毛发需要经常梳理，以便保持外形美观和身体健康。

产地血统： 捷克梗原产地在捷克以及斯洛伐克。捷克梗是由苏格兰梗和锡利哈姆梗两种梗犬杂交培育而来的。

历史起源： 捷克梗起源于 20 世纪 40 年代。1949 年，捷克梗由哈拉克博士培育。1963 年，捷克梗获得了国际养犬俱乐部承认。1993 年，捷克梗被美国联邦养犬俱乐部登记注册。

背线直，但在腰部稍微拱起

颈部中等长度

寿命：12~15 年 | 成犬身高：25~36 厘米 | 成犬体重：5.5~8 千克 | 主要用途：梗犬、伴侣犬

卡迪根威尔士柯基犬

又称柯基犬、威尔士矮脚犬 / 镇定、忠诚、友爱

卡迪根威尔士柯基犬属于漂亮、有力的小型犬，在过去的主要职能是驱赶牛群，凭借小巧的身躯，它可以自如地钻入牛群中，咬牛的四肢以控制牛的行动。卡迪根威尔士柯基犬奔跑速度快，耐力持久，身体结构紧凑、坚实。它对环境的适应能力强，大方、和善，责任心强，对主人忠诚，喜欢帮助主人。适合城市生活，很喜欢和儿童相伴，适合有孩子的家庭饲养。卡迪根威尔士柯基犬很漂亮，也很适合女性饲养。

头部精致，不因太大而显笨重

鼻子整体为黑色

颈部长度适中，胸骨突出

尾巴位置非常低，像狐狸尾巴

双层被毛非常浓密，中等长度

脚呈椭圆形，脚趾强壮，自然呈拱形、紧绷

立耳，耳尖略圆，耳郭非常健壮

眼睛中等大小，不突出，眼圈呈暗黑色，眼角清晰

前腿小腿短，尽可能地直，肘部与身体平行

产地血统： 卡迪根威尔士柯基犬原产地在英国威尔士。有人认为，它和尖嘴犬祖先有密切的关系。也有人认为，在威尔士和瑞典贸易中，传到威尔士的瑞典短脚长身的犬类和威尔士土著犬交配后产生了柯基犬。

历史起源： 卡迪根威尔士柯基犬起源于1200年。1850年，卡迪根威尔士柯基犬是已知的威尔士品种中唯一保存下来的。卡迪根威尔士柯基犬和彭布罗克柯基犬都是擅长牧牛的犬种。1934年，英国正式宣布卡迪根威尔士柯基犬和彭布罗克柯基犬是两个不同的品种。

饲养指南： 卡迪根威尔士柯基犬的饲料中应含有肉类及等量的杂粮及蔬菜等。要定期更换饲料品种，以确保营养均衡。卡迪根威尔士柯基犬不需要太大的活动空间，但每天都需要有充足的运动量。卡迪根威尔士柯基犬容易患眼疾，主人要每隔3~5天用2%的硼酸水帮它清洗眼睛。还需要定期帮它洗澡，修剪爪子，清除耳垢、牙垢，经常梳理被毛，保持干净卫生。

寿命：12~15 年 | 成犬身高：27~32 厘米 | 成犬体重：11~17 千克 | 主要用途：牧牛犬

彭布罗克柯基犬

又称柯基犬 / 温和、活泼

　　彭布罗克柯基犬体形不大，但是充满力量，身体灵活，动作敏捷，比较擅长牧牛。它性活泼好动，喜欢到处咬东西，会有攻击性，但基本上没有恶意。彭布罗克柯基犬在外出时则有所收敛，对陌生人有警戒心，会变得谨慎，很适合女性饲养，也适合家庭饲养。

饲养指南：彭布罗克柯基犬的饮水量很大，平均每千克体重每天消耗水至少60毫升，而幼犬、哺乳期母犬、工作犬在天气炎热的情况下消耗的水可能更多些。因此，要随时为它准备适于饮用的新鲜冷水。零食要适量，不要无节制地给它喂零食，每天的食物也要定量，避免体重过重，影响身体健康。彭布罗克柯基犬活泼好动，需要有足够大的空间让它活动，不宜等待在室内。彭布罗克柯基犬容易患眼疾，要每隔3~5天用2%的硼酸水帮它清洗眼睛。还需要定期帮它洗澡、清除牙垢和耳垢，修剪爪子，经常梳理被毛，保持干净卫生。

头盖骨平且宽，额部角度适中

耳朵中等大小，竖立，耳尖略圆

眼中等大小且圆，颜色为茶色，和被毛相协调，似狐狸的表情

被毛非常浓密，双层，中等长度

产地血统：彭布罗克柯基犬原产地在英国威尔士。有人认为，在威尔士和瑞典贸易中，传到威尔士的瑞典短脚长身的犬类和威尔士土著犬交配后产生了柯基犬。也有人认为彭布罗克柯基犬和尖嘴犬的祖先有密切关系。

历史起源：彭布罗克柯基犬起源于11世纪。从查理一世到女王伊丽莎白二世，柯基犬一直是英国王室很喜爱的一种犬类。

身体长而结实，背线水平

胸部宽度适中，向下逐渐变细，在前肢之间放松

前腿顺着肋骨的扩张而弯曲

后脚笔直指向前方，比前脚略小，更接近卵形

鼻子呈黑色，鼻口部尖端细

前脚相当大且圆，脚垫厚实

寿命：12~15年 | 成犬身高：25~31厘米 | 成犬体重：10~12千克 | 主要用途：牧牛犬、护卫犬

法国斗牛犬

又称法兰西斗牛犬 / 敦厚、忠诚、执着

法国斗牛犬肌肉发达，被毛平滑，表情非常有趣，对小孩很和善。法国斗牛犬很彪悍，对新鲜事物充满好奇心。这种犬的外貌很有个性，有一种高贵的气质，在战斗中非常勇敢、坚持到底，与对手决斗时很威风，深受人们的喜爱。法国斗牛犬适合在城市公寓饲养，适合和小孩做伴，是优秀的伴侣犬，适合有孩子的家庭饲养。它的护主意识很强，受到女士们的喜爱，也适合年轻女性饲养。

饲养指南：法国斗牛犬除了正常进食狗粮外，还需要额外补充维生素和钙，忌食鸡鸭骨头、巧克力及咖啡制品等。如果法国斗牛犬的细绒毛缠结得比较严重，要用梳子或钢丝刷子顺着毛的方向梳理，从毛尖开始直到毛根部，不可以用力梳拉。夏天气温较高时，要避免其因过度运动而中暑。

耳朵根部宽，末端圆，似直立的蝙蝠耳

前腿短而结实，略弯曲，呈罗圈状

后腿强壮，比前腿长，肌肉丰满

产地血统：法国斗牛犬原产于法国。它的祖先是英国斗牛犬，尤其是竖耳玩具斗牛犬。玩具斗牛犬从英国传入法国后，和当地的犬类进行杂交，最终变成这种形态的法国斗牛犬。

历史起源：1860 年，许多玩具斗牛犬从英国传入法国。1868年，巴黎就出现了最早的法国斗牛犬。1871 年，法国斗牛犬在法国已经开始流行。1889 年，法国斗牛犬首次展出。

头宽大，呈正方形，头顶在两耳间的部位平坦

被毛平滑短顺，紧贴于皮肤上，柔软而富有光泽

脚大小适中、紧凑，脚趾短，趾甲短

胸宽、深，肋饱满上收

身材短圆，骨骼粗壮，肌肉发达

寿命：11~12 年 | 成犬身高：30 厘米左右 | 成犬体重：10~14 千克 | 主要用途：工作犬、守门犬

棉花面纱犬

又称图莱亚尔绒毛犬 / 聪明、活泼、温顺、忠诚

棉花面纱犬继承了比熊犬的血统，一身白色的长毛如棉花般蓬松，并由此得名棉花面纱犬。雄性的棉花面纱犬比雌性的略高，它们的尾巴所在位置较低。棉花面纱犬活泼好动，步伐流畅自如，对人类友善，与其他犬类相处融洽。棉花面纱犬很聪明，性格温顺、忠诚。棉花面纱犬适合居住在城市的公寓里，它喜欢与小孩做伴，适合有孩子的家庭饲养，也很适合有孤独感的老人饲养。

饲养指南： 应用适量煮熟切块的新鲜肉类加水，与等量的麦片、无糖饼干等素食拌匀，然后喂食棉花面纱犬。每天应保证棉花面纱犬有一定的运动量，活动时间30分钟即可。夏天气温高时，需要定期为它梳理清洗被毛，保持身体洁净。

尾巴位置偏低

头部短，从上面看呈三角形

前腿笔直，前脚小而圆，脚趾紧凑且拱起

产地血统： 棉花面纱犬原产地在马达加斯加。它继承了比熊犬的血统，一般认为是在德国北部，由大一点的狐狸犬培育产生的。

历史起源： 棉花面纱犬起源于17世纪。法国军队将有比熊犬血统的犬类带到马达加斯加岛，在该岛进行培育。和棉花面纱犬近似的狗狗叫基耶棉花犬，曾经在马达加斯加岛东海岸的留尼汪岛很流行，但是现在这种犬已经绝种了。

头骨从正面看略呈圆形且较宽，眉骨略微发达

鼻梁宽，鼻子呈黑色

颈部肌肉发达，略微呈拱形，没有赘肉

眼睛较圆，两眼相距较远

背线略微凸显，臀部倾斜

胸部发达，与肘部呈水平，肋骨支撑良好

寿命：14~16年 | 成犬身高：25~30厘米 | 成犬体重：5.5~7千克 | 主要用途：伴侣犬

卷毛比雄犬

又称维·弗里塞犬、特内里费狗 / 友善、活泼、聪明伶俐

卷毛比雄犬是一种优良的怀抱犬，它们长期与人们相伴，对人的依赖性很大，性情非常友善，是很好的家庭伴侣犬。它们的记忆力很好，会做各种各样的动作引人发笑，对主人很依赖，对陌生人却很凶。这种犬身材娇小，外貌可爱，性情讨人喜欢，深受大家的喜爱。卷毛比雄犬日常需要梳理打扮，需要花时间养护，不适合平时没有很多空闲时间的人饲养。

饲养指南：卷毛比雄犬每天需食用适量的新鲜肉类和蔬菜，再加等量的素食、无糖或低糖的硬饼干。还要注意每天让其饮用适量清洁的凉开水。卷毛比雄犬的毛发需要专门护理，虽然不做精细护理时，呈卷曲状的被毛也很好看，但仍需定期梳理，否则很容易打结。卷毛比雄犬每天的运动量不要太大。

眼睛很圆，呈黑色或者深褐色

背线水平、直，背部肌肉发达，呈圆拱形

被毛特别柔软且很浓密，很有弹性

产地血统：卷毛比雄犬原产于加纳利群岛的特内里费岛，最初是由该岛的本土犬改良产生。卷毛比雄犬的祖先有水猎鹬犬的血统，受马耳他犬和长卷毛犬的影响而被改良。

历史起源：卷毛比雄犬起源于15世纪。16世纪，贵妇用香水给卷毛比雄犬洗澡，把这种犬视为怀抱着的玩赏犬。19世纪，卷毛比雄犬"失宠"了，在马戏团或街头艺人身旁才能看见它的身影。

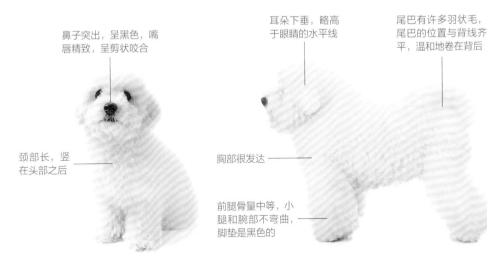

鼻子突出，呈黑色，嘴唇精致，呈剪状咬合

耳朵下垂，略高于眼睛的水平线

尾巴有许多羽状毛，尾巴的位置与背线齐平，温和地卷在背后

颈部长，竖在头部之后

胸部很发达

前腿骨量中等，小腿和腕部不弯曲，脚垫是黑色的

寿命：12~15年 | 成犬身高：23~31厘米 | 成犬体重：3~6千克 | 主要用途：伴侣犬

猴面梗

又称艾芬杜宾犬、猴头梗 / 安静、警惕、聪明

　　猴面梗的头部和身体比例协调，全身长有浓密细长的毛发，颜色一般为黑色或灰色。拥有像猴子一样的表情，显得自信而愉快。有又圆又亮的眼睛、黑色的鼻子和嘴唇、短而直的脖子、短平的背部、强壮的腰部、上翘的尾巴。对主人很忠诚，能够成为家庭成员的亲密伙伴。它喜欢玩游戏，充满警惕和好奇心。猴面梗一般是安静的，遇到恐吓、攻击时会变得激烈。它的胆子很大，不惧怕攻击者。猴面梗适合居住在城市的公寓里，毛发浓密而且较长，要花时间和精力去梳理，不适合空闲时间较少的人饲养。

饲养指南： 猴面梗的食物要保证所含营养成分均衡，荤素搭配适当。可以喂食少量动物肝脏及鱼肉、玉米粉、胡萝卜等，并注意要煮熟后再喂食。喂食猴面梗的幼犬时，要在狗粮中加入少许温水，并均匀搅拌。猴面梗的毛发浓密且较长，因此要经常梳理，避免打结。猴面梗运动量不需要太大，偶尔带出去散散步即可。

产地血统： 猴面梗原产自德国，是由布鲁塞尔格里芬犬和迷你雪纳瑞犬杂交而成的。猴面梗曾对布鲁塞尔粗毛犬的培育有过贡献。

鼻梁平坦

胸部中等深度

历史起源： 猴面梗起源于 17 世纪，是古老的玩赏犬之一。17 世纪，人们饲养它用来捕捉老鼠。19 世纪末，妇女把猴面梗当作宠物来饲养。

尾根较高，并且尾巴上翘

全身被有细长毛发

前肢笔直，肘部靠近身体

头部和身体比例匀称

腰部很强壮

圆形的眼睛很明亮

寿命：14~15 年 ｜ 成犬身高：28~30 厘米 ｜ 成犬体重：3 千克左右 ｜ 主要用途：玩赏犬

美国科克猎犬

又称美国确架犬 / 机警、亲切

美国科克猎犬的表情亲切，行动也很灵活，且服从命令，很适合做伴侣犬。美国科克猎犬走起路来步伐轻松，奔跑起来速度很快，精力旺盛又机警，作为狩猎犬或看家犬都讨人喜爱，在全世界都很受欢迎。适合在都市饲养，适合女士饲养，也很适合有孩子的家庭饲养。

饲养指南： 需给美国科克猎犬喂食洗净、切碎的新鲜蔬菜。食物温度一般为 25℃ 左右，可根据季节做适当调整，夏季的食物温度可低一点，冬季则高一点，但不能过热，也不能过凉，更不能喂食腐坏的食物，以免影响它的身体健康。如果对美国科克猎犬进行经常性的训练，可巩固它的狩猎本性。如果中断训练，它的狩猎能力也会退化。美国科克猎犬需要每天梳理被毛，每隔一段时间需要洗澡。如果不经常梳理，它的被毛上会堆积污垢，打结成团，不仅影响美观，还危害健康。还要定期为美国科克猎犬清除牙垢和耳垢，用淡盐水给它冲洗眼睛。

眼呈圆形，颜色暗

尾部修整，平翘

被毛中等长，质地平展或微呈波浪式，有光泽

产地血统： 美国科克猎犬原产地是美国，其直系祖先是原产于西班牙的猎鸟犬。

历史起源： 美国科克猎犬起源于 20 世纪初，起初被用作狩猎犬来寻回一些小猎物，后经逐步改良成玩赏犬。

头颅呈圆形，吻宽，呈方形

耳大、下垂，并被长饰毛覆盖

身体短而坚实，紧凑

被毛有褐色、红色、黑色、橘黄色和柠檬色等，全身偶有白色毛分布

四肢强劲，肌肉发达

寿命：9~11 年 | 成犬身高：36~38 厘米 | 成犬体重：12~15 千克 | 主要用途：狩猎犬、伴侣犬

喜乐蒂牧羊犬

又称设得兰群岛牧羊犬 / 忠诚、热情、开朗

喜乐蒂牧羊犬是一种非常好的牧羊犬，具有抗寒、体力好、忠诚、聪明的特点。喜乐蒂牧羊犬对主人热情忠诚，个性会因饲养者不同而不同，但是易于训练，面对陌生人不会害怕或畏缩。喜乐蒂牧羊犬会固定在一个地方睡觉，轻易不会改变生活习性，不会换地方睡觉。喜乐蒂牧羊犬不爱掉毛，也不需要美容，很好打理。它每天的运动量不大，适合家庭饲养，也很适合平时没有很多空闲时间的人饲养。

饲养指南：不要给喜乐蒂牧羊犬喂食生肉、生菜，以防寄生虫和传染病，也不可将其食物进行长时间煮制，以免损失营养。可以给它喂食一些骨头。虽然喜乐蒂牧羊犬的运动量不大，但还是要保持适当的运动，早晚带它出去散步即可。主人要定期帮助喜乐蒂牧羊犬清理耳道，注意不要让水进入耳道而引起疾病。

产地血统：喜乐蒂牧羊犬原产于苏格兰地区。有人认为骑士查理王猎犬是喜乐蒂牧羊犬的祖先，也有人认为它是苏格兰柯利牧羊犬和斯皮茨犬交配产生的。

历史起源：喜乐蒂牧羊犬至今已有 100 多年的历史。19 世纪晚期，喜乐蒂牧羊犬被引进英格兰。1908 年，设得兰群岛首先成立喜乐蒂牧羊犬俱乐部。1909年，苏格兰成立喜乐蒂牧羊犬俱乐部。1911 年，喜乐蒂牧羊犬被引入美国。

头部精致，形状是长而钝的楔形

外层被毛长、直、粗硬，底毛柔软、浓厚、浓密

脚呈卵形、紧凑，脚趾圆拱而紧密

眼睛中等大小、颜色深，呈杏仁状

鼻子为黑色

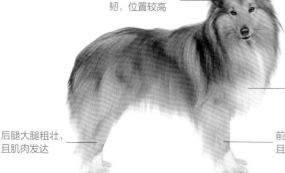

耳朵比较小，柔韧，位置较高

胸部深度延伸到肘部

后腿大腿粗壮且肌肉发达

前腿直，肌肉发达且整洁，骨骼强健

寿命：12~14 年 | 成犬身高：33~39.5 厘米 | 成犬体重：5~10 千克 | 主要用途：牧羊犬、伴侣犬

中型犬

中型犬一般指成年后身高为 41~60 厘米、体重为 11~30 千克的犬种。中型犬既不会太娇气，又不会让人觉得危险，而且其食量和所需空间也不会太大。常被用作工作犬，具有精力充沛、耐力好、聪明可靠、工作能力强、对主人忠诚的特点。较为常见的中型犬有英国可卡犬、小明斯特兰犬、柴犬、松狮犬、沙皮犬等。

克伦勃猎犬

又称克伦伯猎犬 / 温和、忠诚、敏感、活泼

克伦勃猎犬神态威严，表情像是在思考一样，常表现出对工作和玩耍的喜爱，喜欢取悦自己的主人。它聪明又独立，处事果断，有自己的想法。它时而冷漠高贵，好像有意避开人类；时而又显示出顽皮、友爱的天性，非常惹人喜爱。克伦勃猎犬需要足够的活动空间，适合居住在郊区、爱打扫卫生、具有丰富养狗经验且家中没有其他宠物的人饲养。克伦勃猎犬运动量很大，因此也适合爱运动且有时间陪伴它活动的人饲养。

饲养指南： 需给克伦勃猎犬喂食肉类、麦粉及谷物食品等精饲料。克伦勃猎犬有贪吃的习惯，吃得太多会因为营养过剩而发胖，所以喂食时要注意适量，不能无限制地满足它。不能给克伦勃猎犬吃人类的食物，要给它喂食犬类的专门食物。克伦勃猎犬的食物要营养均衡，最好不要给它喂零食。克伦勃猎犬擅长奔跑，运动量很大，因此，每天必须保证其充足的运动量。要经常帮克伦勃猎犬清洗眼睛和耳朵，观察眼睛有无眼屎、有无流眼泪，耳朵有没有污垢，如果情况不对，需要及时处理。

眼睛中间有轻微的凹痕

颈部肌肉发达，与向后倾斜的肩胛良好结合

被毛浓密、直且平坦

前腿短、直，骨骼结实，肘部贴近身躯

产地血统： 克伦勃猎犬原产地在英国。它的祖先是法国的某种猎犬。

历史起源： 克伦勃猎犬起源于19世纪。最初纽卡斯尔公爵从法国得到这种犬，在家乡的克伦勃公园培育。后来此犬受到艾伯特王子和他儿子的喜爱，英国国王乔治五世也很喜欢这种犬。

背部直而稳固，长而平

从后面观察时，后腿圆而宽

鼻子大，呈正方形，颜色为褐色

前脚大、紧凑，脚垫厚实，可以承受巨大的冲击力，具减震的作用

寿命：10~12年 | 成犬身高：43~49厘米 | 成犬体重：25~39千克 | 主要用途：猎鹬犬

美国斗牛梗

又称斗兽场斗牛梗 / 顽强、勇敢、凶猛

美国斗牛梗属于中型犬，但力大无比，最初只是用于农场放牛和狩猎，由于其个性忠诚，也被当成家庭宠物饲养。后来它被人们训练成为斗狗，专供人们取乐。在斗狗场上，斗牛梗非常勇猛，一旦咬住对手的脖子就决不松口，即使被打死也不退让。美国斗牛梗性情急躁，容易激动和狂躁，警惕性高，但很容易接受新的主人。饲养美国斗牛梗需要有充足的时间去训练它，不适合平时没有很多空闲时间的人饲养。美国斗牛梗不喜欢身边有其他宠物，不适合家中已经有其他宠物的人饲养。

三角形的小耳朵半直立在头顶

背部略长于身高

颈部肌肉强健

胸部宽阔且肌肉健壮，被毛短而有光泽

后腿健壮有力

饲养指南： 美国斗牛梗不可喂食过多，以免造成肥胖。肥胖不仅会影响其正常生长发育，肥大的腹部还会压迫膈肌，从而影响其呼吸。美国斗牛梗的食物最好无油、清淡、富含食物纤维，避免糖分摄取过量而引起肥胖。需要根据狗狗的大小和饮食习惯，喂食合适的食物。2个月前的幼犬，一天喂食3次；3至6个月，每天喂食2次；6至12个月，以早、晚餐为主；12个月之后，每天喂食1次。美国斗牛梗的运动量很大，耐力也很好，精力旺盛，非常喜欢跟着自行车长跑。饭后要注意休息，不能立刻运动。不需要特别的养护，平时只需要简单的洗澡和打理即可。

产地血统： 美国斗牛梗原产地在美国，它是用斯塔福德牛头梗和斗牛犬交配，经过数代培育繁衍而产生的。

历史起源： 美国斗牛梗起源于19世纪。美国斗牛梗起初用于狩猎，后被训练为斗狗，专供人们取乐。

眼睛又圆又亮

两颚强而有力，脸显得特别宽

头部骨骼厚实，宽阔，呈石板状

前腿挺直结实

| 寿命：11~12年 | 成犬身高：46~56厘米 | 成犬体重：23~36千克 | 主要用途：斗牛梗、伴侣犬 |

美国斯塔福德梗

温顺、忠诚、敏捷、优雅

美国斯塔福德梗力气大，但性情和善，对主人十分殷勤、温顺而忠诚，对人没有恶意。它在外貌上同美国斗牛梗非常相似，肌肉发达，同时又很敏捷、优雅，对周围环境抱有很大的兴趣。其体形矮胖，腿比较短，骁勇善战。美国斯塔福德梗需要足够的活动空间，适合居住在郊区、有丰富养狗经验、家中没有其他宠物的人饲养。

饲养指南：美国斯塔福德梗除了食用狗粮外，还应额外补充一些含有丰富钙和蛋白质的食物。美国斯塔福德梗的饮食要适度，不能喂得过于肥胖。食物避免过冷过热，最好在40℃左右。夏天气温高的时候，可以喂食常温食物，冬季气温低，食物需要加热后再给它食用。美国斯塔福德梗喜欢温暖干燥的环境。白色的美国斯塔福德梗要避免在烈日下过度暴晒，否则则可能晒伤皮肤。

产地血统：美国斯塔福德梗原产地在美国。很多美国斯塔福德梗都是早期的斯塔福德牛头梗、达德力梗和爱尔兰斗牛犬、英国和美国工作斗牛犬杂交而成的。

历史起源：1936年，美国养狗人注册了美国斯塔福德梗。它们刚开始主要被用来斗狗，最后演变成家庭伴侣犬和财产护卫犬。1936年，美国养犬俱乐部正式承认美国斯塔福德梗为独立的品种。

头部中等长度，整个头部较深

背相当短，从肩胛到尾巴根处，略显倾斜，渐渐向腰过渡

尾巴相对身体而言比较短，尾根位置低，尾尖逐渐变细

被毛短、紧密，摸上去很硬，有光泽

前腿直，骨骼粗大而圆，腕部垂直

后腿肌肉发达，飞节低，不向内翻，也不向外翻

颈部粗厚，略呈拱形

嘴唇紧而平，不松散

眼睛颜色深，形状圆，两眼距离较远

鼻子呈黑色

耳朵位置高，不剪耳的耳朵比较短，呈玫瑰耳或半立耳

两前腿间距离较远，使胸腔有足够的空间

脚大小适度，略呈拱形，紧凑

寿命：10~16年	成犬身高：43~48厘米	成犬体重：18~23千克	主要用途：斗牛梗、伴侣犬

英国激飞猎犬

又称史宾格犬 / 友好、快乐、勇敢、谨慎

英国激飞猎犬属于力量型的猎犬，耐力好，并且非常敏捷，可以适应艰苦的环境，多从事狩猎工作。品质好的英国激飞猎犬体态匀称，集美观和实用性于一身，性格平稳而热情，带有明显的猎鹬犬的特征。它的两耳自然下垂，表情温文尔雅，会友好地向人们摇动尾巴。它很谨慎勇敢，对主人极有感情，容易驯服、愿意服从。英国激飞猎犬如今被当作"警犬"执行任务。它需要一定的运动量，适合有时间陪伴它运动的人饲养。

饲养指南：英国激飞猎犬的饲料应以动物蛋白和脂肪为主，辅以素食成分，以保证营养均衡，促进其身体的正常发育。英国激飞猎犬喜欢运动，主人要保证它有足够的运动量，最好每天带它出去散步 2~3 次。如果长时间把它关在家里，会使它变得神情呆滞、性情暴躁，甚至患病。英国激飞猎犬需 3 天左右梳理一次被毛，一周洗一次澡。它的耳朵很长，会遮住耳洞，需要及时清理耳洞，避免耳朵发炎。

产地血统：英国激飞猎犬原产地在英国。它拥有猎鹬犬的古老血统，是现今许多陆地猎犬的祖先。

眼睛中等大小、呈卵形，两眼位置分得比较开，眼窝比较深

后腿强健有力，力量强大，膝关节结实

胸部深，延伸到肘部，前胸非常发达

历史起源：英国激飞猎犬起源于 19 世纪。1924 年，英国激飞猎犬野外狩猎测试协会成立。1927 年，英国激飞猎犬野外狩猎测试协会变成英国激飞猎犬俱乐部。1902 年，英国激飞猎犬被英国养犬俱乐部承认是独立的品种。

头部长度适中，顶部相当宽、平坦，侧面和后面略微呈圆拱形

耳朵长且相当宽，贴着面颊悬挂

颈部长度适中，肌肉发达，整洁，顶端略微呈圆拱形

脚呈圆形或略呈卵形，紧凑而拱出，大小适中

拥有外层被毛和内层被毛

脚垫厚实，脚趾间有羽状饰毛

寿命：12~14 年 | 成犬身高：48~51 厘米 | 成犬体重：18~23 千克 | 主要用途：狩猎犬

拉布拉多猎犬

又称拉不拉多 / 温和、活泼、忠诚

　　拉布拉多猎犬经常被训练当作警卫犬和导盲犬，同时它也是水陆两用的优秀枪猎犬。它属于中大型犬，个性温和、活泼，智商也很高，体格健壮，身体结构的稳定性也很好，可以长时间从事狩猎活动。拉布拉多猎犬聪明听话、容易训练，且忠实、服从指挥，是非常受欢迎和值得信赖的家庭犬。

尾巴在根部十分粗，向尖端逐渐变细

前腿直，骨骼强壮

后腿宽阔，肌肉发达，膝关节转动良好，飞节短而结实

头部宽阔，与前脸长度大致相等

脚结实而紧凑，脚趾圆拱，脚垫发达

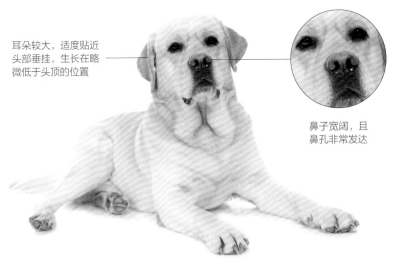

耳朵较大，适度贴近头部垂挂，生长在略微低于头顶的位置

鼻子宽阔，且鼻孔非常发达

饲养指南： 拉布拉多猎犬的幼犬生长发育很快，需要食用专用钙来满足其生长发育所需的钙。拉布拉多猎犬的喂养需要定时、定点、定量，使它养成良好的饮食习惯是很有必要的。主人要控制它的食量，避免肥胖，以免损害它的身体健康。喂养拉布拉多猎犬的饲料温度最好在40℃左右。夏天可喂冷食，冬天需要加热食物。喂食前后，不要让拉布拉多猎犬做激烈的运动。拉布拉多猎犬喜欢运动，只有保证它每天有足够的运动量，才能使它健康成长。给拉布拉多猎犬洗澡时，要用棉球把狗狗的耳朵堵住，避免其耳朵进水，引起发炎。

颈部肌肉发达，且没有赘肉

被毛短、直且非常浓密，质地坚硬

产地血统： 拉布拉多猎犬起源于加拿大的纽芬兰岛地区，与加拿大的拉布拉多地区没有关系。拉布拉多猎犬和黑色长毛的纽芬兰犬有血缘关系。

历史起源： 19世纪初期，拉布拉多猎犬逐渐被人知晓。1903年，英国养犬俱乐部承认了拉布拉多猎犬这一品种。1917年，美国养犬俱乐部注册登记了一只从苏格兰进口的拉布拉多猎犬母犬。1920年到1930年，在英国，拉布拉多猎犬得有工作执照才有资格参加狗狗比赛。而在美国，拉布拉多猎犬已经成为主要的受训犬和猎犬。1931年，美国拉布拉多猎犬俱乐部成立。

| 寿命：10~12年 | 成犬身高：54~62厘米 | 成犬体重：25~34千克 | 主要用途：狩猎犬、导盲犬、安慰犬、警卫犬 |

金毛寻猎犬

又称金色寻回猎犬、黄寻猎犬 / 热情、机警、自信

金毛寻猎犬的整体形态非常匀称，性情活泼，自信且不怕生，表情十分友善。在艰难的工作环境中更能表现出它的本质和特点。金毛寻猎犬个性机警、友善、可靠，心思细腻，喜欢和其他犬争斗。它不需要特别的护理，定期洗澡、适当运动即可，适合家庭饲养，平时比较忙碌的人也适合饲养它。金毛寻猎犬对小孩有耐心，因此适合有孩子的家庭饲养。

饲养指南： 金毛寻猎犬的骨量较大，为了避免骨骼变形，在生长过程中要满足它对钙的需求，适当喂食专用钙加维生素A、维生素D。金毛寻猎犬的幼犬不需要运动太多，尤其是小于4个月的小金毛寻猎犬，此时的它骨骼发育还不完全，过早运动对其生长发育不利。金毛寻猎犬的洗澡频率不要太高，夏天半个月左右洗一次，冬天1~2个月洗一次。

产地血统： 金毛寻猎犬原产地在英国。它是由金色顺毛犬和特威德西班牙水猎犬、爱尔兰蹲猎犬、寻血猎犬、拉布拉多猎犬交配产生的。

眼睑色深，双眼间距大，适度凹陷

鼻部直，与头骨接合流畅、稳固

外层被毛硬、有弹性，既不粗糙也不过分柔软，紧贴身体，直或呈波浪状

尾根高，尾巴根部厚实，肌肉发达

脚短而强健，略倾，没有支撑不稳的迹象

历史起源： 金毛寻猎犬起源于19世纪。19世纪末，黄毛和金毛的寻猎犬在英国很流行。1904年，金毛寻猎犬成为第一个赢得野外测试的猎犬。1908年，金毛寻猎犬在英国水晶宫展示会上第一次展出。1920年以前，金毛寻猎犬一直都以金色顺毛犬的名字被人熟知。

头部宽，横竖两个方向均呈轻微拱形，但枕骨和前额均不突起

颈部长度中等，显得强壮、肌肉发达，逐渐没入充分靠后的肩部

耳朵相当短，前部边缘较靠后，生长在眼睛上方，下垂，紧贴面颊

鼻子黑色或棕黑色

后腿宽，肌肉十分发达

脚中等大小，呈圆形、紧凑，趾节良好，趾垫厚

寿命：13~14年 | 成犬身高：53~61厘米 | 成犬体重：24~34千克 | 主要用途：狩猎犬

威尔士激飞猎犬

又称威尔士史宾格犬 / 友善、服从

威尔士激飞猎犬是一种非常勤奋的水中猎犬，十分敏锐。它的嗅觉非常出色，在任何形式的狩猎中都适用。它的性格非常活泼，对主人忠诚而挚爱，对陌生人有所保留，但不胆小。它对家庭中的成员都很友好，很喜欢外出狩猎。威尔士激飞猎犬对儿童和其他动物很温和，适合有孩子的家庭饲养。威尔士激飞猎犬在各种环境条件下都对工作充满热情，因此也适合野外工作者饲养。

耳朵悬挂在面颊两侧

颈部长，且略呈微圆拱形

头的长度适中，略微呈圆拱形

背线水平，腰部略微呈圆拱形，肌肉发达，结实紧凑

后腿肌肉发达，骨量充足，但不粗糙

被毛直而平坦，相当浓密、柔软

脚呈圆形，紧凑而拱起，脚垫厚实

饲养指南：威尔士激飞猎犬的幼犬需食用高营养、易消化的食物，并要掺入适量的盐和蔬菜，以保证营养均衡。威尔士激飞猎犬需每天喂食 4~5 次，且喂食时间要固定。威尔士激飞猎犬喜欢运动，每天需要充足的运动量，如果有条件，还要经常带它出去狩猎。威尔士激飞猎犬每周要进行两次被毛梳理，还需要注意耳朵的清洁。

产地血统：威尔士激飞猎犬很可能是现今大多数家养猎犬的祖先。大约在公元前 250 年，威尔士激飞猎犬的祖先发展成属于古不列颠人的阿勾逊猎犬。

历史起源：威尔士激飞猎犬的历史可以追溯到公元前 700 年，

是很古老的一种犬。18 世纪，英国的许多油画中就出现红白猎犬。专家认为，油画中的红白猎犬和现在的威尔士激飞猎犬是同种的。19 世纪，红白猎犬被白色或黑白色猎犬代替。1873 年，英国养犬俱乐部成立，红白猎犬和其他猎犬参加了俱乐部的犬展。最终，威尔士激飞猎犬和英国激飞猎犬被分成两个不同的品种。1906 年，美国养犬俱乐部正式承认威尔士激飞猎犬。1914 年，第一只被引入美国的威尔士激飞猎犬被登记。1949 年，美国养犬俱乐部登记了 11 只威尔士激飞猎犬。1961 年，美国威尔士激飞猎犬俱乐部成立。

寿命：12~15 年 | 成犬身高：43~48 厘米 | 成犬体重：18~23 千克 | 主要用途：狩猎犬

新斯科舍水鸭引诱寻猎犬

敏感、活泼、聪明

新斯科舍水鸭引诱寻猎犬的任务是独一无二的，主要是以声音为诱饵，由猎人给它一个皮球或小木棍，让它在水中嬉戏，引诱好奇的水鸭进入猎人的射程之内，猎人趁机射击，随后新斯科舍水鸭引诱寻猎犬就会去拣拾被打中的水鸭，它在工作时非常兴奋和敏捷。新斯科舍水鸭引诱寻猎犬在没有工作的时候略显忧郁，但它实际上是敏感活泼、聪明机敏的。新斯科舍水鸭引诱寻猎犬每天需要一定的运动量，不适合平时比较忙碌、没有时间运动的人饲养。它需要被正确良好地训练，适合有专业驯狗经验的人饲养。

饲养指南：新斯科舍水鸭引诱寻猎犬的饲料为煮熟、切碎的新鲜肉类，加等量的麦片、饼干等素料，然后再加少量水调拌均匀而成。它对盐的需求是人类的1/5，如果食物含盐量过高，会引起它出现流泪、掉毛现象，因此，要严格控制其盐分的摄取量。新斯科舍水鸭引诱寻猎犬奔跑速度快，时速约为 60 千米，因此，它每天都需要进行一定的跑动训练。

棕色的鼻子

眼睛呈杏仁状，中等大小，琥珀色

被毛呈黄色，略有灰色，并有不同程度的红色，经常出现白色的斑纹

产地血统：新斯科舍水鸭引诱寻猎犬原产地在加拿大，它的祖先是荷兰克克尔犬。

历史起源：新斯科舍水鸭引诱寻猎犬起源于 19 世纪，19 世纪末在加拿大培育成功。它以声音为诱饵，引诱出水的鸭子，猎人乘机射击。1987 年 1 月 1 日，美国养犬俱乐部认可了新斯科舍水鸭引诱寻猎犬。1945 年，加拿大养犬俱乐部承认了新斯科舍水鸭引诱寻猎犬。

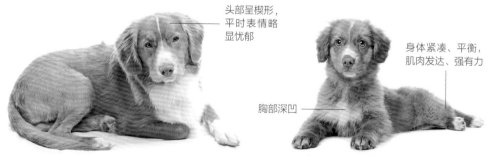

头部呈楔形，平时表情略显忧郁

身体紧凑、平衡，肌肉发达、强有力

胸部深凹

寿命：12~14 年 ｜ 成犬身高：43~53 厘米 ｜ 成犬体重：17~23 千克 ｜ 主要用途：单猎犬

德国猎犬

温顺、服从

德国猎犬的毛色是巧克力色，尾巴像镰刀或者腊肠。该类犬基本上属于工作犬，在德国通常不将它当作宠物。德国猎犬的性格是温顺、服从的，具有很高的热情和良好的耐力，体现出高贵优雅的气质，在家中很安静。德国猎犬很忠诚，感情细腻，性格稳定。德国猎犬适合居住在城市的公寓里，适合能够给它提供足够活动空间的人饲养。它喜欢儿童，适合有儿童的家庭饲养。德国猎犬每天都需要运动，适合爱好运动的人饲养。

颈部中等长度，强壮

头部略微呈圆形，枕骨略微突起

脚比猫脚更长，脚趾粗且非常紧凑

背部略呈微拱形

后腿宽阔结实

前腿位置高，骨骼强壮有力，略倾斜

饲养指南：德国猎犬的饲料为煮熟、切碎的新鲜肉类、蔬菜，加等量的麦片、饼干，再加少量水调拌均匀即可。德国猎犬喜欢运动，每天都需要充足的运动量，如果可以，还要常带它出去打猎。德国猎犬的毛发定期梳理即可，不需要每天清理。德国猎犬的耳朵下垂，需要定期检查耳朵，清洁耳垢，避免发炎。

产地血统：德国猎犬原产地在德国，它有德国老式斯多贝尔犬的血统。

历史起源：德国猎犬起源于 20 世纪。德国猎犬很善于追踪猎物，同英格兰激飞猎犬有相像的地方，但它的腿较短。经常在灌木丛中狩猎，表现相当出色。

寿命：12~14 年 | 成犬身高：40~51 厘米 | 成犬体重：20~30 千克 | 主要用途：单猎犬

波士顿梗

又称波士顿斗牛犬 / 聪明、活泼、勇敢

波士顿梗属于高智商的犬种，个性活泼，聪明爱玩，感情丰富。波士顿梗很喜欢围绕屋子转圈，在领地受到威胁时，一些雄性犬会展示出攻击性，但其斗犬本色已经被磨灭，现已成为人类的好伙伴。波士顿犬是典型的宠物，也可以做看家护院的看护犬，适合家庭饲养。波士顿犬喜欢和小孩一起散步，适合做伴侣犬，适合有孩子的家庭饲养。

耳朵小，直立

眼睛大而圆，颜色深

脚小、圆而紧凑，脚趾呈圆拱形，趾甲短

背线水平，臀部线条略向尾根处弯曲

前腿的骨骼直，骹骨短而结实

鼻子黑色而宽，鼻孔间有清晰的线条

颈部略微呈圆拱形，优雅地托起头部

饲养指南： 波士顿梗中，个头较小的犬每天需食用肉类200~250克，个头较大的犬则需食用肉类300~350克，还要喂食等量的饼干等干素料。饲养波士顿梗时，应当注意定时、定量、定点，要让其在15~25分钟内吃完食物，以养成良好的饮食习惯。波士顿梗适宜做散步等简单运动，不适宜快速奔跑等剧烈运动，否则会出现气喘、气急的现象。波士顿梗每天需要梳理被毛，保持被毛的清洁。主人还需要定时帮它洗澡，气温低时，每隔20~30天洗一次，天气热时，3~5天就要洗一次澡了。波士顿梗的鼻子在气候干燥的时候容易干裂，要给它的鼻子上涂一些甘油、凡士林等，防止出现干裂，让它不适。

产地血统： 波士顿梗原产地在美国的波士顿。它是由叭喇犬繁衍而来的，有英国斗牛犬和英国白梗的血统，后期和法国斗牛犬杂交，最后产生了波士顿梗。

历史起源： 波士顿梗起源于19世纪，在斗牛活动中产生了波士顿梗犬种。当时它具有23千克的壮硕体格，被称为美国叭喇犬。1870年，第一次在波士顿举行波士顿梗展示会。1983年，美国波士顿梗获得美国养犬俱乐部的认证。

寿命：12~13年 | 成犬身高：30~50厘米 | 成犬体重：不超过11千克 | 主要用途：梗犬、警卫犬、伴侣犬

艾尔谷梗

又称河畔梗 / 殷勤、友善

艾尔谷梗肌肉发达，骨骼健壮，耐力强。它的被毛很独特，黑色和棕褐色相间，身上的硬毛很浓密，甚至可以防水。艾尔谷梗生性吃苦耐劳，能适应各种环境，即使受伤也会努力完成任务。它敏锐、机智、灵活、忠诚、友善。艾尔谷梗服从指挥，忍耐力强，也很顽固。艾尔谷梗每天都要进行长距离的散步，不适合不爱运动以及没有时间运动的人饲养。艾尔谷梗不适合和其他犬饲养在一起，家里有其他狗狗的，也不宜再饲养它。

饲养指南： 艾尔谷梗的食物温度一般为40℃左右，不能过冷和过热。夏季可喂食冷食，但最好保持在35℃左右，冬季就必须对饲料进行加热了。艾尔谷梗每年会有两次脱毛期，可以在此时为其梳剪毛发。艾尔谷梗需要较多的活动时间以及较大的活动

眼睛颜色深、小，不突出

尾巴在背部向上竖立，结实有力

颈部长度中等，皮肤紧绷不松弛

脚趾适当弯曲，既不内收也不外翻

量。艾尔谷梗很喜欢游泳，主人要在它为幼犬的时候就开始培养它游泳的习惯。游泳训练需要重复10次左右，反复训练，它才能牢记命令。

产地血统： 艾尔谷梗原产于英国的约克郡。艾尔谷梗是古老的梗犬和猎水獭犬的后代。

历史起源： 艾尔谷梗起源于19世纪。早期，它被训练猎取獾和水獭。第一次世界大战时，英国陆军把它当作守卫犬使用。曾经有一只艾尔谷梗叫杰克，在战场上做出了贡献，死后获得了维多利亚十字勋章。

耳朵在头骨两侧呈"V"形，不指向眼睛

肩部长而略有倾斜，肩侧面平坦

头骨长而平坦，头部皮肤没有褶皱，脸颊平坦

背部较短，强壮且呈水平，肋骨适当突起

前腿非常直，肌肉发达，骨骼强壮

浓密硬直的被毛紧贴身体和四肢

寿命：12~15年 | 成犬身高：56~61厘米 | 成犬体重：20~23千克 | 主要用途：梗犬、护卫犬

澳大利亚牧羊犬

又称澳洲牧羊犬 / 机智、活泼、沉稳

澳大利亚牧羊犬具有畜牧和护卫的双重技能，个性忠诚，并且可以坚持全天候工作。它的整体结构和谐，体长略大于身高，体格中等，骨量中等，颜色有很多变化。它工作专注且性格活泼，柔韧而敏捷，肌肉发达但不笨重。澳大利亚牧羊犬服从性高，聪明警惕，在幼犬时期需要加以训练，以免长大后攻击陌生人。澳大利亚牧羊犬可以做看家犬，适合住在公寓的人饲养，也适合有孩子的家庭饲养。它还可以协助警察缉捕犯人、追查毒品、执行搜救任务，有这些特殊需求的人可以饲养训练它。澳大利亚牧羊犬的被毛需要花时间梳理，不适合平时没有时间照顾它的人饲养。

头部整洁，结实且干燥

背部直而结实，平且稳固

后腿宽度与前腿的宽度一致

饲养指南： 可以给澳大利亚牧羊犬的幼犬喂食钙质丰富的大骨头，但是注意不能喂食鸡、鸭的骨头和鱼刺。澳大利亚牧羊犬的眼睛很大，灰尘和异物容易进入，因此，它很容易患眼病，应该常用浓度为 2% 的硼酸水为其清洗眼睛及眼眶周围，以免细菌感染。澳大利亚牧羊犬身体的长毛也需要主人花时间来梳理。

产地血统： 澳大利亚牧羊犬是在美国培育起来的，但是它可能起源于比里牛斯山脉的巴斯克地区，这个地区位于西班牙和法国之间。18 世纪，巴斯克牧羊犬从澳大利亚进入美国，澳大利亚牧羊犬有这种犬的血统。

历史起源： 最初培育澳大利亚牧羊犬是为了培养出全能的牧羊犬，帮助人类工作。20 世纪 50 年代，澳大利亚牧羊犬被其他国家登记。1991 年，美国养犬俱乐部登记注册了澳大利亚牧羊犬。1993 年 1 月，澳大利亚牧羊犬被收录进入牧羊犬集。

眼睛呈杏仁状，既不突出也不凹陷

胸部不宽，但深度延伸到肘部

腿直而结实，骨骼强壮

耳朵呈三角形，中等大小，或类似玫瑰耳

脚呈卵形，紧凑，脚趾结合紧密

被毛质量中等，能抵御恶劣气候

寿命：12~13 年 | 成犬身高：45~58.5 厘米 | 成犬体重：16~32 千克 | 主要用途：牧羊犬、导盲犬

边境柯利牧羊犬

聪明、警惕、敏感

边境柯利牧羊犬对朋友非常友善，对陌生人会有所保留，对主人十分忠诚，服从主人的命令，反应也非常迅速。它还是一种品质优秀的牧羊犬，乐于学习，并对此感到满足，喜欢与人类交朋友，与人和善。边境柯利牧羊犬聪明、顺从，容易驯化，充满好奇心。它很渴望做人类的伴侣，能够和小孩子友善相处，是优秀的伴侣犬和看家犬，适合有孩子的家庭饲养。

饲养指南：边境柯利牧羊犬对钙质的需求特别高，因此，为了促进其骨骼生长，一定要加强钙质的补充，但也要注意"过犹不及"，补钙一定要适量。边境柯利牧羊犬的食物以粗粮为主，有利于它的消化系统，它对盐分的需求量是人类的 1/6，食物中要少放盐。边境柯利牧羊犬需要充足的运动量，因此，每天要带它外出活动 1 小时左右，散步、跑步皆可，不能让它长时间留在室内。

产地血统：边境柯利牧羊犬原产地在英国，是世界范围内的牧羊犬的原始品种。边境柯利牧羊犬的祖先是护羊犬和英国本地犬杂交而成，它在以色列繁衍，同时也具有苏格兰血统。

耳朵中等大小，直立或半直立

颈很长，有力而且肌肉发达，向肩部稍变宽，微拱

前腿从前面看，骨骼端正，平行

历史起源：边境柯利牧羊犬起源于 18 世纪。18 世纪，苏格兰诗人罗伯特·博恩斯描述了边境柯利牧羊犬的重要性。1976 年，英国养犬俱乐部确认了边境柯利牧羊犬。1995 年，边境柯利牧羊犬被用作全面识别模型，很大程度上帮助了英格兰和苏格兰边境地带的牧民。

头骨宽，枕骨不突出

尾下垂，中等长度，尾椎至少到膝关节

后腿粗而强壮，向尾根部隆起

幼犬的被毛短、柔软、浓密且防水，到了成年便成了身上的绒毛

脚收紧，呈椭圆形，脚垫厚而强壮

寿命：10~14 年 | 成犬身高：46~48 厘米 | 成犬体重：16~20 千克 | 主要用途：牧羊犬、看家犬

布列塔尼犬

又称布列塔尼猎犬 / 积极、机警、热情

布列塔尼犬的警惕性非常高，性情也很活泼，但带有些许猎鸟犬的柔和表情，是深受美国人欢迎的猎犬。它的体形偏小，加上天生的狩猎品质，满足了女性狩猎者的需要。它的嗅觉很灵敏，猎取欲望也很强烈。布列塔尼犬的体格非常强健，随时充满力量和精力，速度也很快，整体形象雄壮，但不笨拙。布列塔尼犬性情温顺，非常听话，很忠诚，适合家庭饲养。

饲养指南： 布列塔尼犬应该用煮熟、切碎的肉类，加少量水与熟干素料调和后喂食。布列塔尼犬应该多补充蛋白质和钙，每天还需食用适量的蔬菜、水果。主人需要注意不要喂食布列塔尼犬动物肝脏。需要保证它每天有足够的运动量。遇到布列塔尼犬发脾气的时候，主人不要太顺从它，要引导它形成良好的习惯。

产地血统： 布列塔尼犬原产地在法国。现代布列塔尼犬的祖先是在19世纪中期的波顿，由一只红白花母犬和一只用于狩猎山鹬的黄白花公犬交配产生的。布列塔尼犬种与威尔士犬种可能有共同的祖先，也有可能进行过交配繁殖。

耳朵覆以浓密但相对较短的被毛，并有些许的毛边

后腿粗而强健，肌肉发达，充满力量

历史起源： 17世纪的油画和挂毯上有对布列塔尼犬的描绘。1907年，布列塔尼犬成为一个被认可的犬种，也制定了布列塔尼犬的标准。1931年，布列塔尼犬被引进美国。1934年，美国养犬俱乐部注册了布列塔尼犬。1942年，美国布列塔尼犬俱乐部制定了新的标准。1982年9月1日，美国养犬俱乐部将这种犬正式定名为布列塔尼犬。

鼻子浅黄褐色、黄褐色、棕色或深粉红色

被毛浓密、平坦或呈波浪形，但无卷毛

眼睛呈黑色或淡黄色

两前腿垂直于地面，两前腿之间不是很宽

寿命：13~15年 | 成犬身高：44.5~52厘米 | 成犬体重：13~18千克 | 主要用途：狩猎犬

西藏梗

又称小猎犬 / 聪明、敏感、忠诚

西藏梗具有发达的双层被毛，具有一定的保护功能。它身体匀称，比例协调，足部结构独特，动作非常敏捷，能在西藏恶劣的气候和复杂的地形条件下生存。它们的个性与体形完全相反，喜欢运动和玩耍，同时也可以保持安静。西藏梗有很强的运动性，很聪明，性格忠实。西藏梗性情温柔忠诚，身体好，可以成为主人的同伴和优秀的家庭犬。

饲养指南： 西藏梗每天需用煮熟、切碎的新鲜肉类及蔬菜，与熟素饲料加热水调拌后喂食。西藏梗每周应洗1次澡，被毛每天都要梳理。要定期检查西藏梗眼睛的分泌物，并定期做好其耳朵的清洁工作。

产地血统： 西藏梗原产地在中国西藏。它是一种古老的狗狗，和拉萨狮子犬、西藏狮子猎犬有共同的起源。西藏梗在中国西藏被当作伴侣犬，人们一直保持着西藏梗的纯正血统，他们认为错配会带来厄运，甚至会遭到谴责。

头部中等长度，既不宽，也不粗劣

颈部长度与身体及头部的比例恰当

脚大、平坦、圆形，行走时，起到雪靴的作用

历史起源： 2000多年前，中国西藏寺庙里就开始饲养西藏梗。20世纪20年代，一位西藏人为了感谢英国女医生阿格瑞斯·格瑞格，送了她一只西藏梗。女医生回国后，建立了拉姆勒繁殖场，西藏梗从此在欧洲扎下了根。1937年，英国承认了西藏梗。1956年，美国从英国的拉姆勒繁殖场引进第一只西藏梗。1973年5月1日，美国养犬俱乐部承认并注册登记了西藏梗。1973年11月3日，美国养犬俱乐部犬展中，西藏梗被划分在非狩猎犬组。

尾巴中等长度，有大量羽状饰毛

运动时，背部水平

后腿有大量饰毛，膝关节适度弯曲

鼻子呈黑色

底毛柔软，呈羊毛质，外层被毛丰富而细腻

寿命：12~15年 | 成犬身高：36~45厘米 | 成犬体重：8~15千克 | 主要用途：梗犬、家庭犬

软毛麦色梗

又称短毛麦色梗、爱尔兰软毛梗 / 警惕、快乐、优雅

软毛麦色梗属于中型的运动梗犬，个性勇敢且整体的协调性很好，身体的整体轮廓呈正方形。它的毛很有特点，呈小麦色，柔软、丝状，还带有些许的波浪。软毛麦色梗气质温和，对周围环境充满兴趣，但时刻保持警惕，其争斗性较弱。软毛麦色梗不掉毛，没有体味，而且很容易训练，适合在城市公寓里饲养。它很护家，个性温和，适合家庭饲养。

饲养指南： 软毛麦色梗的喂食时间、喂食地点、喂食量最好都要固定，以养成其良好的进食习惯，并促进消化吸收。喂养软毛麦色梗时，主人要注意不能给狗狗吃太多刺激性食物，尽量给狗狗吃狗粮，保证狗狗的健康。不能给软毛麦色梗喝牛奶，吃洋葱和大葱、巧克力、生鸡蛋和生肉等。软毛麦色梗需要充足的运动量，可每天早、晚带它去公园散步或跑步各 1 次。软毛麦色梗的被毛卷曲，不掉毛，适当梳理即可。

头部呈矩形，中等长度

胸深，肋骨支撑良好，但不呈圆形

产地血统： 软毛麦色梗原产地在爱尔兰，它是爱尔兰最古老的梗犬。相传凯里蓝梗的祖先就是软毛麦色梗。

历史起源： 软毛麦色梗起源于 18 世纪。1937 年 3 月 17 日，软毛麦色梗在爱尔兰养犬俱乐部锦标赛中初次登场。1943 年，英国养犬俱乐部对软毛麦色梗进行注册登记。1967 年，美国软毛麦色梗俱乐部成立。1973 年 5 月 1 日，美国养犬俱乐部承认并注册了软毛麦色梗。

耳朵的折痕与头顶齐平，垂耳、略向前

前腿直，且骨量充足

脚圆而紧凑，脚垫厚实

被毛质地柔软、丝质且带有柔和的波浪状

后腿发达，后膝关节弯曲良好

寿命：13~14 年 | 成犬身高：46~48 厘米 | 成犬体重：16~20 千克 | 主要用途：梗犬、伴侣犬

凯里蓝梗

又称凯利蓝梗 / 温和、忠实、友善

凯里蓝梗以蓝灰色被毛闻名。它充满活力，个性顽固，但是易于驯化，严加训练后，可以成为优秀的家庭犬。凯里蓝梗具备追踪和叼回猎物的本能，它可以接受各种形式的工作，耐力很强。凯里蓝梗个性温和、忠实和友善。凯里蓝梗经过训练后，可以成为孩子很好的玩伴，适合家庭饲养，也很适合老人、有孤独感的人饲养。另外，凯里蓝梗适合在宁静的环境中饲养，而且它比较适合单独饲养，家里有其他宠物的就不要饲养它了。

饲养指南： 凯里蓝梗的食物中可适当增加一些肉类、鱼类、蛋类、蔬菜等，并要注意补充维生素 A 和钙。此外，食物中不宜添加较多的盐分以及脂肪类、骨头类成分。凯里蓝梗不脱毛、不换毛，因此，要做好它的清洁卫生工作。此外，要保持它的漂亮外表，就必须对其毛发进行修剪和装饰。凯里蓝梗的颜色是蓝色的，耐脏，但也需要经常洗澡，否则会有体味。

头部较长，头盖骨较平

背部水平

身体短且厚实，胸部有弹力

产地血统： 凯里蓝梗原产地在爱尔兰。有人认为，凯里蓝梗是1588 年随着西班牙舰队漂流到爱尔兰的西班牙犬系的后代。也有人认为，凯里蓝梗是由大型爱尔兰猎狼犬发展培育而来的。通常认为，凯里蓝梗是由贝德灵顿梗、威尔士梗、软毛麦色梗交配产生的。

历史起源： 凯里蓝梗起源于19世纪。早期，凯里蓝梗被当作斗犬、猎犬、牧羊犬和看家犬使用。第一次世界大战后，美国养犬俱乐部承认了凯里蓝梗。

被毛是非常厚实柔软的丝状毛

断尾，长度适中，尾跟位置高，保持向上直立状

四肢长度适中，前腿笔直，后腿健壮

脚小巧适中，圆形、坚挺，呈黑色

| 寿命：12~15 年 | 成犬身高：44.5~49.5 厘米 | 成犬体重：14~18 千克 | 主要用途：梗犬、牧羊犬、家庭犬 |

爱尔兰梗

又称爱尔兰红梗 / 温和、勇敢、忠诚

爱尔兰梗毛粗腿长，被毛需要经常梳理。它体态优雅，非常漂亮。爱尔兰梗性情温和，同时充满勇气，善于竞技，活泼而富有生气，面对对手时非常勇猛和大胆。在与人类相处时，非常友善，对主人富有感情并且十分忠诚。爱尔兰梗适应能力较强，既能适应城市生活，又能适应寒冷气候。爱尔兰梗的缺点是粗心大意，粗鲁冒失。爱尔兰梗适合在城市生活的人饲养。它不容易和别的犬相处，家中有其他狗狗的人就不要饲养它了。爱尔兰梗不怕任何危险，会保护主人和孩子们，适合家庭饲养。

耳朵小而且呈"∨"形，中等厚度

后背结实而平直，略拱

脚垫深，非常结实且没有龟裂

后腿结实且肌肉发达，大腿有力

饲养指南： 爱尔兰梗的喂食时间、喂食地点、喂食量最好都要固定，以养成其良好的进食习惯。主人每天要准备干净的饮用水，让它可以随时饮用。爱尔兰梗的幼犬胃很小，要少食多餐。被毛需要经常梳理，还需要进行大量的身体训练。爱尔兰梗洗澡后，切忌将它放在太阳下晒干。洗澡水的温度应保持在 36~37 ℃。

产地血统： 爱尔兰梗原产地在爱尔兰的科克郡。爱尔兰梗被认为是由黑色、棕褐色和小麦色的梗犬交配形成的。

历史起源： 爱尔兰梗起源于 18 世纪。1879 年，成立了爱尔兰梗俱乐部。

尾根位置高，但不卷曲

眼睛颜色呈深褐色，小而不突出

颈部长度适中，靠近肩部逐渐变宽

鼻子呈黑色

脚结实，相当圆，而且偏小

被毛浓密且呈金属丝状

寿命：12~15 年 | 成犬身高：46~48 厘米 | 成犬体重：11~12 千克 | 主要用途：梗犬、伴侣犬

葡萄牙水犬

又称葡萄牙猎鱼犬 / 聪明、灵敏、忠诚

葡萄牙水犬是渔民驯养的品种，可以在水中游泳，还能潜水。它具有很特殊的才能，可以帮助渔民把鱼赶入渔网中、找回丢在水中的渔具，还能传递消息，是主人忠诚的伴侣和警惕的护卫。它是非常实用的工作犬，可以随时听候主人的差遣去工作。葡萄牙水犬个性是勇敢、顺从、顽强，精力充沛，它很聪明、忠诚，服从自己的主人。葡萄牙水犬每天需要一定的运动量，如果不能满足这一点，就不适合饲养它。葡萄牙水犬适合居住在城市且有丰富养狗经验的人饲养。

耳郭呈心形，且薄，除了耳朵后面略微张开外，其他部分都贴着面颊

鼻孔宽阔，鼻子呈黑色

脚趾间有蹼，是一层柔软的皮肤，上面覆盖着被毛，延伸到趾甲处

眼睛中等大小，略微倾斜，两眼分得较开

头部特别大，头顶特别宽，后枕骨非常清晰

饲养指南： 葡萄牙水犬的幼犬肠胃较弱，宜食纤维少且柔软的食物，切忌喂食生肉、洋葱、鸡鸭等家禽的骨头、牛奶、冰激凌、盐制的食品等。葡萄牙水犬要饮用新鲜水，因此需每天更换两次饮用水。在日常饲养时，主人需要给它补充一定的钙质，可以从幼犬时期开始喂些钙粉，保证狗狗骨骼的良好成长。葡萄牙水犬每天需要有足够的运动量，主人要多带它出去散步或者运动。

产地血统： 葡萄牙水犬原产地在葡萄牙，是葡萄牙阿尔加维地区渔民饲养的品种。狮子犬和葡萄牙水犬可能有共同的祖先，爱尔兰水犬是葡萄牙水犬的后代。

历史起源： 葡萄牙水犬起源于中世纪。19世纪30年代，葡萄牙水犬俱乐部重新建立，葡萄牙水犬出现在犬展中。1954年，葡萄牙水犬从葡萄牙出口到英国，英国养犬俱乐部将其列入工作犬组。1958年，纽约的哈瑞顿夫妇收到从英国来的一对葡萄牙水犬，美国人开始了解这种狗。1972年8月13日，成立了美国葡萄牙水犬俱乐部。当时葡萄牙水犬在美国只有12只。1981年6月3日，葡萄牙水犬被列入混合犬组。1983年8月1日，美国养犬俱乐部正式承认葡萄牙水犬。1984年1月1日，葡萄牙水犬作为工作犬参加了比赛。

寿命：10~14年 | 成犬身高：43~57厘米 | 成犬体重：16~27千克 | 主要用途：单猎犬、伴侣犬

芬兰狐狸犬

又称芬兰捕鸟犬 / 活泼、友善、忠诚、勇敢

芬兰狐狸犬在芬兰和瑞典是最常见的本地工作犬，在其他地方很少见。它的工作时间一般是在夏季，会跟随主人外出打猎，到冬季就会待在室内过冬。狩猎时的芬兰狐狸犬精力充沛，会追踪、狩猎野兔、獾和狐狸，并且动作敏捷、锲而不舍。芬兰狐狸犬性格活泼、开朗、勇敢，非常闹，它可以用各种声音表达自己，不信任陌生人，很敏感。芬兰狐狸犬容易适应家庭生活，可以成为忠诚的伴侣犬，很受孩子的喜爱，适合家庭饲养。芬兰狐狸犬适合有空闲时间、喜爱运动的人饲养。

尾为覆盖长饰毛的卷尾，始终卷曲于背上，尾根高

颈长适中，有丰满的颈毛

脚圆、紧凑，猫形趾，趾间饰毛丰富

耳呈小三角形，直立，被短的被毛遮盖

鼻小而尖，鼻端呈黑色

腹部被毛细密柔软，以明亮的纯白色为主

饲养指南：芬兰狐狸犬每天需要食用肉类 250~300 克，以及等量的干素料或饼干。芬兰狐狸犬的食物中可以添加少量食盐，食物温度不能高于犬的体温。芬兰狐狸犬每天需要饮水 2~3 次。芬兰狐狸犬需进行充足的户外运动，需要人的陪伴，切不可长时间无人照料。主人需要每天为它刷洗，以保证清洁卫生。

产地血统：芬兰狐狸犬原产地在

芬兰。它是芬兰的国犬，由英国猎犬、德国猎犬、瑞士猎犬和斯堪的纳维亚猎犬等混合培育而来。

历史起源：芬兰狐狸犬起源于 18 世纪。几千年以前，就有了狐狸型犬的出现。到 1880 年，芬兰狐狸犬几乎消失。1890 年，雨果·桑德堡发起了对芬兰狐狸犬的保护运动。1891 年，5 只芬兰狐狸犬被授予了缎带。1892 年，芬兰养犬俱乐部承认了芬兰狐狸犬，并制定了标准。1897 年，该品种被正式命名为芬兰狐狸犬。1927 年，芬兰狐狸犬第一次进入英国。1935 年，芬兰狐狸犬被英国养犬俱乐部正式登记。1974 年，美国养犬俱乐部承认并登记了芬兰狐狸犬。1983 年 9 月，芬兰狐狸犬被允许加入混杂品种类别进行比赛。

头相当大，头盖骨平而宽

眼睛圆、大而略呈三角形，色黑，眼睑呈黑色

后腿大腿宽阔而肌肉丰满，肘关节弯曲适度

寿命: 12~15 年 | 成犬身高: 39~50 厘米 | 成犬体重: 14~22 千克 | 主要用途: 狩猎犬、伴侣犬

西西伯利亚莱卡犬

温和、活泼

西西伯利亚莱卡犬最早用于捕猎大型动物，如驯鹿、麋鹿和熊，相当于一只雪橇犬。因为能拖动很沉的物体，它们也能够被训练猎捕小动物，如貂或鸟类。西西伯利亚莱卡犬性格活泼、敏锐、聪明，但不适合做小孩的伙伴，不适合城市生活，不容易训练，容易与别的犬相处。

饲养指南： 为了避免烫伤嘴及消化器官，喂养西西伯利亚莱卡犬的食物温度不能高于犬的体温。主人要应及时洗刷餐具，并定期消毒，保证食物、饮用水以及餐具的清洁卫生。西西伯利亚莱卡犬每天需要大量的运动才能维持身心健康。西西伯利亚莱卡犬的毛发需要每天早晚进行梳理。它不耐高温，温度太高时，主人需要采取措施帮它的身体降温。

尾巴卷曲到背部或臀部

腰部短、柔软

肩膀略倾斜

后背强壮、笔直

头部不是很大，头骨呈等边三角形

后腿肌肉强壮，有明显的飞节

前腿长，肌肉发达

历史起源： 西西伯利亚莱卡犬起源于 19 世纪。1897 年，列宁被放逐到西伯利亚时的打猎帮手，可能就是西西伯利亚莱卡犬。

产地血统： 西西伯利亚莱卡犬原产地在俄罗斯。它是最常见的莱卡犬品种，由西西伯利亚的莱卡犬和古老的北乌拉尔犬培育产生。

寿命：10~12 年　|　成犬身高：53~61 厘米　|　成犬体重：18~23 千克　|　主要用途：狩猎犬

波兰低地牧羊犬

聪明、活泼、敏锐

波兰低地牧羊犬很喜欢取悦人，且天性活泼，自身有很好的克制能力，理解能力、记忆力都很好。波兰低地牧羊犬属于中型犬，耐寒，被毛需要经常梳理。虽然适应城市生活，但是需要进行大量运动，不适合经常待在室内，否则会烦躁不安，甚至出现神情呆滞和生病的情况。波兰低地牧羊犬聪明、敏锐、忠诚，能吃苦耐劳。波兰低地牧羊犬对陌生人会有些冷漠，对其他狗狗很友善。适合有孩子的家庭饲养。

耳朵呈心形，下垂

尾巴短，位置低

腿垂直，骨量重

脚呈椭圆形，脚垫厚，脚趾紧凑，前脚要比后脚大

胸深且宽

整个身体覆盖着浓密、蓬松的被毛

饲养指南：波兰低地牧羊犬每天都需要用煮熟、切块的新鲜肉类，与等量的杂粮、蔬菜等素食加水调拌均匀后喂食。波兰低地牧羊犬需要充足的运动量，要进行大量的身体锻炼，每天最好带它出去散步 2~3 次。需要经常为其梳理被毛，定期清除牙垢和耳垢，以防产生疾病。

产地血统：波兰低地牧羊犬原产地在波兰。匈牙利的波利犬是波兰低地牧羊犬的祖先之一。波兰低地牧羊犬和长须柯利牧羊犬的祖先相同。

历史起源：波兰低地牧羊犬起源于 16 世纪，起初用于打猎。1514 年，波兰人携带波兰低地牧羊犬来到苏格兰，苏格兰人用一对种羊和波兰人交换了两雌一雄波兰低地牧羊犬。到第二次世界大战时，波兰低地牧羊犬濒临灭绝。多亏一位波兰兽医养的几只波兰低地牧羊犬幸存下来，使得这个犬种得以延续。

寿命：13~15 年 | 成犬身高：41~51 厘米 | 成犬体重：14~15 千克 | 主要用途：牧羊犬、伴侣犬

长须柯利牧羊犬

又称高地柯利牧羊犬、山地柯利牧羊犬 / 机敏、温和、友善

长须柯利牧羊犬中等体形，在苏格兰高地的职能就是协助牧羊，用其吠叫声来驱赶那些掉队的羊。它可以与其他犬或其他宠物相处得非常和睦，见到陌生人会吠叫几声，表示热烈欢迎。长须柯利牧羊犬需要物质和精神上的双重鼓励。它个性友善、活泼，喜欢与人玩游戏。长须柯利牧羊犬适合喜欢运动的人饲养，它很聪明，会保护主人和孩子，适合家庭饲养，尤其是有孩子或者老人的家庭。

饲养指南： 喂给长须柯利牧羊犬幼犬的饲料应该比较精细，因为其幼犬的器官还没有完全发育成熟，无法吸收太多营养。此外，喂食过量还容易导致肠炎，因此还要做到少食多餐。要保证长须柯利牧羊犬每天都有充足的运动量，可以每天带它外出活动1小时，一定不要将它长时间留在室内。长须柯利牧羊犬的毛发至少每周梳两次，在换毛的时候，主人最好每天都给它梳毛。

双眼既不圆也不突出，两眼距离较远

鼻大而呈方形

尾下垂，至少能伸到跗关节处

腿直，与地面垂直，结实但不笨重，被蓬松的粗毛所覆盖

后腿有力，肌肉发达，尤其是大腿骨的膝关节处

产地血统： 长须柯利牧羊犬原产地在英国，据说是由波兰低地牧羊犬与苏格兰当地的英国老式牧羊犬交配后产生的。这种混血形成了两种长须犬，一种体形比较小，另一种体形比较大，现代长须犬是这两种长须犬的融合。也有人认为它是欧洲中部马扎尔可蒙犬的后代。

历史起源： 长须柯利牧羊犬起源于16世纪。在18世纪和19世纪，有文献记载长须柯利牧羊犬曾经在市场上进行过交易。1898年，相关组织制定了长须柯利牧羊犬的标准。1955年，长须柯利牧羊犬俱乐部诞生。

耳朵中等大小，下垂，被长毛覆盖

内层毛柔软、浓密，外层毛平整、粗糙、刚硬、蓬松

颅部宽而平，额鼻间凹角中等明显

两肩胛骨的顶点聚拢，骨体向外倾斜

脚呈卵圆形，脚垫较厚，脚趾呈弓形、紧凑、被被毛覆盖

寿命：10~13年 | 成犬身高：51~56厘米 | 成犬体重：18~27千克 | 主要用途：牧羊犬

斯恰潘道斯犬

又称荷兰牧羊犬 / 聪明、警惕、友善

斯恰潘道斯犬的被毛很长，动作敏捷，善于跳跃。它浓密蓬乱的被毛常给人留下友好的印象，警觉时尾巴竖起，是优秀的、坚定无畏的放牧者和牲畜保护者。性情温和，但非常勇敢，熟悉的人接近它，它会表现出高度关注和忠诚。斯恰潘道斯犬是优秀的工作犬，适合牧民和牲畜保护人饲养。斯恰潘道斯犬适合城市生活，对主人很忠诚，适合家庭饲养。但是斯恰潘道斯犬适合喜欢运动的人饲养，平时没有空闲时间的人不适合饲养它。

饲养指南： 斯恰潘道斯犬活动量较大，为了补充营养，需要食用大量肉类。主人还需为它准备充足的清洁饮用水。斯恰潘道斯犬需要充足的运动量，如果把它长时间关在家里，其活动欲望得不到满足，就会变得烦躁不安。

产地血统： 斯恰潘道斯犬原产地在荷兰，是很古老的品种。斯恰潘道斯犬和波利犬、长须柯利牧羊犬、布里犬以及贝加马斯卡犬等很多长毛犬类都有血缘关系。

历史起源： 斯恰潘道斯犬起源于18世纪。19世纪，在荷兰，斯恰潘道斯犬是深受人们喜爱的牧羊犬。19世纪末和20世纪初，斯恰潘道斯犬遍布在荷兰各地有羊群的地方。第二次世界大战期间，斯恰潘道斯犬的培育遭受重创。1940年到1945年，

眼睛大而圆，多为棕色

耳朵覆盖长长的羽状饰毛

专家终于找到了几乎消失的本犬种，开始重新进行培育。1947年，荷兰斯恰潘道斯犬俱乐部成立。1954年，斯恰潘道斯犬标准被制定。1971年，斯恰潘道斯犬的标准重新进行了修改，并且明确承认该品种。

蓬乱的长毛遮盖整个面部

颈部强壮，胸部宽而深

前腿短而紧凑，肋骨支撑良好

鼻子位置略低于头骨线，颜色呈黑色

脚趾之间有大量的毛

寿命： 12~14年 | **成犬身高：** 43~51厘米 | **成犬体重：** 15千克左右 | **主要用途：** 牧羊犬、伴侣犬、保安犬

猎兔犬

又称哈利犬 / 友好、和善

猎兔犬看起来十分强壮，骨骼粗大，它们活跃且充满力量。运动机能和嗅觉的灵敏性都很强，并显示出有完成工作的能力，不管在什么地形条件下，都能长时间不知疲倦地工作，具有群猎犬的明显特征。猎兔犬很外向，它在工作时，必须和其他猎犬进行密切配合。猎兔犬是优秀的猎犬，工作能力显著，适合野外工作者饲养。猎兔犬智商比较高，容易训练和饲养，也适合家庭饲养。猎兔犬成群时喜欢吠叫，比较吵闹，在家庭饲养时最好只养一只。

饲养指南：猎兔犬喜食鸡肝，鸡肝中含有丰富的铁质，但不可喂食太多。应给猎兔犬的母犬和幼犬适当补钙。猎兔犬每天都需要大量运动，如果它的运动量没有得到满足，可能会变得烦躁不安，从而引发破坏行为。给猎兔犬洗澡时，要注意将水温控制在35~45℃，冬天水温要高一些。一周洗一次澡比较合适。主人还要注意定期给狗狗清洗眼睛，清理耳垢，修剪趾甲，保持卫生清洁，避免滋生细菌，危害狗狗的健康。

产地血统：猎兔犬原产地在英国。猎兔犬是一种中型的英国猎狐犬，祖先包括灵缇、猎狐犬和猎狐梗。

耳朵位置低，贴着面颊，耳尖端圆

鼻子宽，鼻孔张开

被毛短、浓密，硬而有光泽

圆形的猫足，脚趾紧凑，略向内转

历史起源：猎兔犬起源于13世纪。1620年，在英国组成第一群猎兔犬，延续至今。

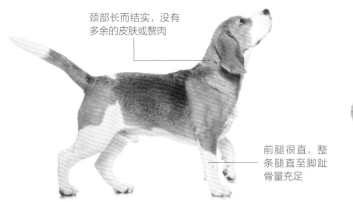

颈部长而结实，没有多余的皮肤或赘肉

前腿很直，整条腿直至脚趾骨量充足

眼睛中等大小，位置分得比较开

| 寿命：10~12 年 | 成犬身高：48~54 厘米 | 成犬体重：22~27 千克 | 主要用途：群猎犬 |

波利犬

又称匈牙利牧羊犬 / 敏感、服从、聪明

波利犬属于中型犬，外表非常惹人注目。拥有蓬松浓密的被毛，下垂遮住整个头部和身体。看起来像一团毛线，非常可爱。波利犬动作敏捷、步伐轻快，是有理性和智慧的纯种犬，可以与其他宠物融洽相处，忠实于主人，是优秀的看门犬。波利犬容易训练，适合城市生活，也适合在丘陵地区饲养。波利犬精力充沛，适合家庭饲养，热衷于运动的人很适合饲养它。

饲养指南： 不可用发霉、腐败、变质、带有毒性和强烈刺激性的饲料喂食怀孕的母犬，防止其流产。为避免胎儿的发育受到影响，喂给怀孕母犬的饲料不能频繁变更，体积也不宜过大。波利犬每天都需要一定的运动量，千万不能整天把它关在家里。它的被毛容易打结，需要经常梳理。

头骨稍圆，中等宽度，圆顶形的头上有较短的毛

身体到处都覆盖着浓厚的、能抵御恶劣气候的被毛

产地血统： 据说波利犬是古老的西藏梗的后代。波利犬和西藏梗两者除了颜色，其余特征非常相似，所以有理由认为波利犬有西藏梗的血统。

历史起源： 波利犬起源于10世纪，至今已有1000多年的历史。20世纪，匈牙利牧羊人为提高波利犬的工作能力，对其进行了精心培育。1912年，埃米·瑞特塞特开始复原波利犬。1915年，建立了鉴定波利犬的标准。1923年8月，波利犬在布达佩斯犬展上进行了展示。1924年，世界犬业联盟完善了鉴定波利犬的标准。

耳朵位置稍高于眼水平线的位置，悬垂，中等大小，呈"V"形

杏仁眼且深陷，相当大，深棕色

颈部强壮，富有肌肉，中等长度

前腿直立、强壮，骨骼中等大小

脚强健，脚趾呈弓形，脚垫厚

寿命：12~15年 | 成犬身高：37~44厘米 | 成犬体重：9~18千克 | 主要用途：牧羊犬、看家犬

小灵犬

又称惠比特犬 / 温和、忠实

小灵犬可以用来狩猎小型的动物，也普遍被当作比赛犬种来驯养，常参加赛跑、咬兔、捕鼠以及夺标赛等项目。它奔跑的速度非常快，优秀的赛跑犬时速高于 56 千米。小灵犬是聪明可爱的宠物，不淘气、不乱吠，作为看护犬也非常适合。小灵犬性格温和、忠实，值得信赖。小灵犬与人和善，喜欢和人相处，很适合家庭饲养。小灵犬在家中会很安静，有孤单老人的家庭也很适合饲养它。

饲养指南： 为了强化小灵犬的牙齿与骨骼，每隔三天可喂食一些猪、牛骨头等。小灵犬每天需要充足的运动量。它有身体发抖的习惯，但这并不表示恐惧或寒冷，不需要特别注意。最好不要把它放在恶劣的环境中饲养，也不要让其在阳光下暴晒。

产地血统： 小灵犬原产地在英国。一开始小灵犬是通过小型英国灵缇和各种梗类犬进行杂交产生，后期又加入了意大利灵缇的血统，最终形成现在的小灵犬。

历史起源： 小灵犬起源于 19 世纪。它是专门为了竞赛而培育的品种，也用来狩猎兔子等小动物。1891 年，英格兰猎犬俱乐部正式承认了小灵犬。马萨诸塞州的英国磨坊主把小灵犬带去了美国，这是小灵犬第一次进入美国。

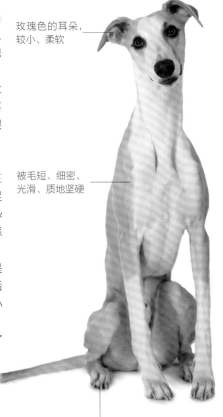

玫瑰色的耳朵，较小、柔软

被毛短、细密、光滑、质地坚硬

脚趾长，不分开，并弯成弓形

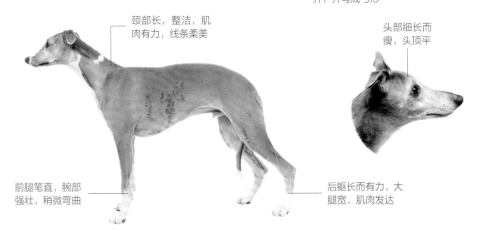

颈部长，整洁，肌肉有力，线条柔美

头部细长而瘦，头顶平

前腿笔直，腕部强壮，稍微弯曲

后躯长而有力，大腿宽，肌肉发达

寿命：9~11 年 | 成犬身高：43~51 厘米 | 成犬体重：13 千克左右 | 主要用途：狩猎犬、看护犬

汉诺威猎犬

又称史韦斯猎犬 / 安静、坦然、服从、友善

汉诺威猎犬的嗅觉很灵敏，对于非常淡的气味也可以追踪到。汉诺威猎犬对于残留的血腥味很敏感，林业管理员常用这种犬追猎受伤的动物。汉诺威猎犬充满活力，体格健壮，也很顽强，但是容易训练。它对工作的热情很高，相当敬业。渔猎监管人员和林业管理员适合饲养汉诺威猎犬，用于帮助自己工作。汉诺威猎犬需要大量的时间和空间做运动，不适合城市生活，适合居住在郊区的人饲养。汉诺威猎犬很适合小孩，容易训练，适合有孩子的家庭饲养。它不容易和别的犬类一起生活，家中如果已经饲养别的狗狗，就不要再饲养它了。

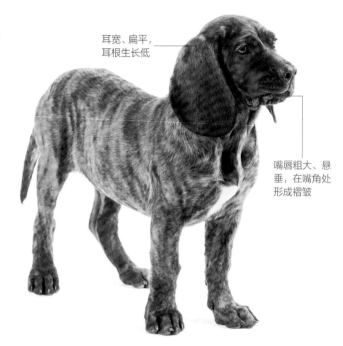

耳宽、扁平，耳根生长低

嘴唇粗大、悬垂，在嘴角处形成褶皱

饲养指南： 汉诺威猎犬的食物以动物蛋白和脂肪为主，以素食为辅，这样可以保证犬的正常发育。主人要为汉诺威猎犬准备充足的饮用水供它饮用。为了保持汉诺威猎犬的清洁卫生，主人需要定期帮它梳理被毛和清理耳朵。

产地血统： 汉诺威猎犬原产地在德国，起源于古老的凯尔特勃拉克猎犬。

历史起源： 起源于19世纪20年代，起初是被用来追赶猎物的。

前腿笔直、稍短，骨骼结实

短、密、柔软的被毛富有光泽

腿较短，相对来说身体显得较重

寿命：12年左右 | 成犬身高：51~61厘米 | 成犬体重：38~44千克 | 主要用途：枪猎犬、伴侣犬

松狮犬

又称松狮 / 坚强、温和、忠诚

松狮犬的头部酷似雄狮，神情得意，有一圈立毛围绕着头部。体形呈正方形，肌肉发达，动作优雅协调。松狮犬并不算听话的犬，有时会非常独立，人们可以与它拥抱和玩耍。如果接近的方式得当，陌生人可以轻轻地抚摸松狮犬，但是不能戏弄它们。松狮犬高贵、坚强、独立，也很忠诚。饲养松狮犬，需要给它提供一个舒适的生活环境，不能让它挤在狭小的空间里面。松狮犬会随地排泄，发情时会吠叫。脾气好、勤快、有耐心处理这些事情的人比较适合饲养它。

一圈立毛环绕着松狮犬的头部和嘴巴

鼻子大、宽阔、黑色，鼻孔开张适中

胸宽、深而肌肉发达

两前腿平行、间距宽，与宽阔的胸相称

两后腿直而平行、间距宽，与宽阔的骨盆相称

耳朵小，中等厚度，呈三角形，在尖端略呈圆形

眼睛深棕色、深陷，两眼间距宽，有点倾斜，中等大小，呈杏仁状

外层被毛数量多，厚密，直而竖立，质地相当粗糙

脚圆形、紧凑，似猫足，脚垫厚

饲养指南： 松狮犬需要适量地补充维生素，可食用鸡蛋、米饭、奶酪和瘦肉等。喂养松狮犬时，肉类不能喂食得太多，否则它的皮肤容易出问题。松狮犬容易中暑，不能将它放在封闭的地方，也不能在太阳下暴晒。松狮犬怕湿，很难忍受超过80%的相对湿度。天气炎热时，千万不能将它留在车内。

产地血统： 松狮犬原产地在中国的华北地区。松狮犬是萨摩耶犬、波美拉尼亚犬、挪威猎鹿犬和荷兰卷尾狮毛狗的祖先。在古代匈奴人的战争传说中，有一种体形硕大的黑嘴犬，有人猜测它就是松狮犬的祖先。

历史起源： 松狮犬起源于2世纪，是中国的一种古老犬种。7世纪，中国唐朝的皇帝最为推崇和喜爱松狮犬。1880年，维多利亚女王喜欢上了松狮犬，松狮犬在英发展起来。1889年，英国成立了专门的松狮犬俱乐部。1890年，德拜所拥有一只松狮犬第一次在美国参加展示比赛。它还在纽约的威斯敏斯特养犬俱乐部混杂品种犬中获得了第三名。1903年，美国养犬俱乐部正式承认了松狮犬。1906年，成立了美国松狮犬俱乐部。

寿命：10~15年 | 成犬身高：46~56厘米 | 成犬体重：20~32千克 | 主要用途：护卫犬、伴侣犬

马地犬

又称牧迪犬、匈牙利马地犬 / 聪明、机警、友善

马地犬是能干的追踪者和狩猎者，也是最佳的牲畜守卫者。它非常勇敢，所以深受牧民喜爱，可以成为牧民的好助手。马地犬非常聪明，动作敏捷，甚至可用于缉查毒品，更是优秀的守卫犬和家庭犬。因其被毛的特殊性，可以在多种环境下生存。马地犬是优秀的守卫犬和家庭犬，适合在公寓里饲养，适合家庭饲养。

饲养指南： 马地犬的幼犬生长较快，需要在饮食中添加钙以补充其成长所需的钙质。饲养马地犬的幼犬时，要用专门为幼犬配制的食物，食物要有营养，并且容易消化。主人要为马地犬准备充足的饮用水。如果马地犬被犬瘟热等传染病感染，会引起眼睛发炎红肿，眼眶内还会带有脓性的黏液分泌物，导致眼睛无法睁开，这时要加强眼睛的治疗和护理。主人要控制马地犬的饮食，不能让它过于肥胖，并且合理安排运动。马地犬身体正常时，耳朵是冷的，耳朵热则是生病的表现。

产地血统： 马地犬原产地在匈牙利，是由匈牙利本土古老的牧羊犬交配繁衍产生的。

历史起源： 马地犬起源于 19 世纪，这种犬的培育并非是有计划的，而是自然选育的结果。

眼睛小，外侧的眼角略有些倾斜

前脚圆，脚垫厚，有少许的毛在脚趾之间

背线清楚地向臀部倾斜

平时尾巴垂悬在两腿之间，尾巴呈镰刀状

鼻子狭窄，鼻孔朝前，且大小适度

耳朵为三角形的竖耳

寿命：13~14 年 ┃ 成犬身高：36~51 厘米 ┃ 成犬体重：8~13 千克 ┃ 主要用途：畜牧犬、护卫犬、伴侣犬

欧亚大陆犬

又称欧洲大陆犬 / 坚决、机敏、警惕

欧亚大陆犬是一种新培育出来的犬种，属狐狸犬，心思细腻，警惕性很高。雌犬很有爱心，甚至可以照看婴儿。它是一种让人亲近且温顺的家庭宠物犬，还可以与其他动物友好相处，但是也有顽固的一面。欧洲大陆犬是一种安静的家庭宠物犬，能够迅速适应城市生活。刚开始养狗狗的人，也适合选择欧洲大陆犬进行饲养。

饲养指南： 欧亚大陆犬每天都需用新鲜肉类和等量的饼干或熟干素料喂食。给欧亚大陆犬喂食时，冬天食物不要太凉，需要加热再给它吃。不要给欧亚大陆犬喂鸡骨头、鱼刺等食物，这些食物容易伤害狗狗的胃肠。欧亚大陆犬的被毛虽然浓密，但相对来说比较容易护理，只要在换毛的时候做好护理工作即可。欧亚大陆犬每天需要大量的运动，不喜欢独处和被关在家里，主人需要经常陪伴它。平日训练欧亚大陆犬时，可以使用食物作为奖励。

尖形的竖耳

全身被毛厚且密，中等长度

从后面看，两条后腿的距离适中，两腿平行

脚中等大小，紧凑

产地血统： 欧亚大陆犬原产地在德国。德国魏因汉姆的朱利叶斯·威伯福培育出了欧亚大陆犬，它有着松狮犬、德国猎狼狐狸犬和萨莫耶德犬的血统。

历史起源： 欧亚大陆犬起源于1940年。1960年，欧亚大陆犬被德国养犬俱乐部承认。1973年，该犬得到了官方的认可，被命名为欧洲大陆犬。

身体长度略大于身体肩胛骨的高度

中等体形，属狐狸犬类型

脚趾和脚垫间有丰富的毛

颈部较长，有环状毛

略呈锥形的吻部

寿命：10~14 年 | 成犬身高：48~61 厘米 | 成犬体重：18~32 千克 | 主要用途：雪橇犬

英国可卡犬

又称确架猃、英国斗鸡犬 / 欢乐、热情、温和、高贵

英国可卡犬的耳壳非常大，低位，紧贴着头。英国可卡犬是很活跃的猎犬，精力旺盛，步态协调。站立和行动时体态都十分匀称。英国可卡犬的反应既不迟钝也不过度活跃，对主人极为忠诚。英国可卡犬的性格欢乐而热情，平稳而温和。英国可卡犬适合家庭饲养，每天需要运动和梳理毛发，喜欢运动、比较细心、乐于照顾狗狗的人比较适合饲养它。

饲养指南：英国可卡犬每天食用肉类 250~350 克，再加等量的干素料与饼干，保证营养均衡。主人还要为它准备适量的饮用水。英国可卡犬每天需要一定的活动量，可早晚带它出去散步 2~3 次。如果长时间将它关在房间内，会严重影响它的身心健康，使其变得神情呆滞、情绪烦躁。英国可卡犬的毛发比较难打理，主人每天都要为它梳理毛发。主人还需要定期为它清理耳垢和牙垢，保证它的身体干净清洁。

耳紧贴头部，耳壳硕大，伸达鼻部

眼睛中等大小，略呈椭圆形，眼距宽，眼睑紧凑

头部被毛短而细，平直或稍有波纹，质地丝状

脚结实、圆形，类似猫足，脚趾拱起且紧缩，脚垫厚

在兴奋条件下，尾稍高抬，但不竖起

前腿直，肘贴近躯干，腕节接近笔直

后腿肌肉发达

产地血统：英国可卡犬来源于西班牙猎犬，是最古老的陆地猎犬之一。

历史起源：1879 年 6 月 14 日，第一条英国可卡犬奥博诞生。1883 年，英国可卡犬在犬展上首次展出。17 世纪前，可卡犬统称为西班牙猎犬。随后猎人发现这些西班牙猎犬分为体形较大和较小两种。于是，就取了英国激飞猎犬和可卡犬两种名称。1892 年，英国可卡犬和英国激飞猎犬才被英国养犬俱乐部承认为两个独立的品种。1902 年，英国成立了英国可卡犬俱乐部。1940 年，加拿大养犬俱乐部承认了英国可卡犬为独立的品种。1946 年 9 月，美国养犬俱乐部承认英国可卡犬为独立的品种。

寿命：12~15 年 | 成犬身高：39~43 厘米 | 成犬体重：12~14.5 千克 | 主要用途：伴侣犬

斗牛犬

又称牛头犬、英国老虎犬 / 平稳、友善、坚定、勇敢

斗牛犬虽然也被称为牛头犬，但它的外貌并不像牛，这种犬精力充沛、力大无比，所以有此称呼。斗牛犬的整体形态和行走姿态都表现出很强的稳定性，极具活力和力量，但其性情却十分安静和友善，关键时刻坚决而勇敢，这些都深受人们的喜爱和赞赏。斗牛犬性格开朗、有耐心，很容易和小孩打成一片，可以和孩子很好地相处，很适合有孩子的家庭饲养。斗牛犬不需要主人太多的陪伴，适合工作比较忙、没有太多空闲时间的人饲养。斗牛犬很忠心，适合有孤独感的老人饲养。

耳朵基部很宽大，耳末圆而直立，耳毛精细而柔软

口吻较宽深，嘴唇较松软、宽厚。下颊较深，呈四方形

身材短圆，骨骼粗壮，肌肉较发达

脚部大小适中，脚趾和爪都较短

头非常大，而且宽，呈正方形

被毛色略呈红色的虎斑色、淡黄色或褐色，或有白底色的斑纹

前腿直而短

后腿较强壮，长于前腿

饲养指南： 喂养斗牛犬可选择营养丰富、质量优良的狗粮。此外，还需为它补充适量的维生素和钙。主人还要为斗牛犬准备适量的饮用水。喂养斗牛犬要注意根据犬的大小给予合适的用餐次数。4 个月前，每天喂食 4 餐；4~6 个月，每天喂食 3 餐；6 个月后，每天喂食 2 餐。要禁止斗牛犬翻动垃圾箱，吃外面的东西。给幼犬洗澡时，最好是干洗，不要使用淋浴等，避免幼犬着凉生病。洗澡的时间最好是气温比较高的时候，也不能过多洗澡。斗牛犬的耳道很容易积攒灰尘和水分，主人需要定期为它检查和清理耳道。

产地血统： 斗牛犬原产地在英国。祖先可追溯到一种以古希腊摩鹿斯部落命名的斗犬，名字叫摩鹿斯犬。也有人说其祖先是马士提夫犬和牛头梗杂交产生的。

历史起源： 12 世纪中叶，斗牛犬被用在斗牛场上。1835 年，斗犬制度被废除，斗牛犬逐渐演变成了家庭犬。

寿命：10~15 年 | 成犬身高：30~35 厘米 | 成犬体重：22~25 千克 | 主要用途：伴侣犬、护卫犬、警卫犬

德国平犬

机警、敏捷、忠诚

德国平犬属于中型犬，身上带有平犬系特有的黑褐色斑纹，毛短而密集。这种犬体态匀称，肌肉强壮，体形优雅。德国平犬多为农庄的帮手，最初用来捕鼠，机警、敏捷，对主人忠诚。德国平犬只要保证有适当的运动量，是适合在公寓饲养的。德国平犬经过专业训练后，可以成为优秀的伴侣犬，适合有养犬经验的人进行饲养。

头部有力、伸长，没有后脑勺

耳朵位置高，对称，剪耳直立

鼻子丰满，呈黑色

眼睛中等大小，深色、椭圆形，在外观上不突出

前腿直且骨量充足，从四面看，四肢都是完美地垂直于地面

胸部下降到肘部，并逐渐上升到后部

脚爪短、圆、紧凑，深色脚垫和深色趾甲

饲养指南： 德国平犬应进食温热的饲料，不能过冷或过热，除了夏季，食物温度最好在40℃左右。食物最好是煮熟之后再进行喂食，要定时、定点、定量，以养成其好的进食习惯。德国平犬需要一定的运动量，每天可带它进行一定的户外活动。德国平犬掉毛很少，夏季每天都需要洗澡，冬天可以一周洗一次。

产地血统： 德国平犬原产地在德国。血统可能和黑褐色梗有关。

历史起源： 德国平犬起源于1879年，最初被用来捕鼠。第二次世界大战时，德国平犬濒临灭绝。1949到1957年间，德国平犬没有产仔的记录。后来沃纳找到了一只纯种母犬开始恢复繁殖，如今的德国平犬都发源于这只母犬。1991年，美国联邦养犬俱乐部登记承认了德国平犬。

寿命：12~14年 | 成犬身高：41~48厘米 | 成犬体重：11~16千克 | 主要用途：梗犬、伴侣犬

粗毛牧羊犬

又称粗毛柯利牧羊犬 / 机警、优雅、敏锐

粗毛牧羊犬的被毛华丽蓬松，外形非常漂亮，并且非常聪明，它继承了苏格兰牧羊犬高贵优雅的气质。由于它的智商较高，还被训练用作护卫犬、救护犬和导盲犬。因其外形比较讨喜，人们喜欢把它当成伴侣犬。粗毛牧羊犬的性格善良，容易亲近，有强烈的保护主人和儿童的意识，适合有孩子的家庭饲养。

头部呈钝楔形，轮廓平滑而干净

眼呈杏形，大小中等，眼深色，清澈明亮

耳与头的大小相称，自然向前折垂

臀部呈斜圆形，被毛长而密

胸深达肘部

脚较小，近似椭圆形

饲养指南： 粗毛牧羊犬的喂食量应根据它的食欲和体重进行调整。如果食物变潮，可加一点热水，但不能是沸水。保证新鲜饮用水的供给。粗毛牧羊犬每天都需要充足的运动量，每天要带它出去散步或者跑步1小时左右。还必须对它进行精心训练，以保持和增强它的体能。

产地血统： 粗毛牧羊犬原产地在英国，拥有苏格兰牧羊犬的血统。

历史起源： 粗毛牧羊犬起源于16世纪。1860年，维多利亚女王前往苏格兰访问，携带了一些粗毛牧羊犬回去饲养，于是，粗毛牧羊犬在英国逐渐成为人们喜爱的牧羊犬。19世纪90年代末，粗毛牧羊犬受到美国人的喜爱。1940年，一只粗毛牧羊犬因主演电影《神犬莱西》中莱西的角色而闻名于世。

尾长适度，安静时尾下垂，尾尖向上扭曲

前腿直而肌肉发达

后腿肌肉较少，膝和飞节弯曲良好

寿命：14~16年 | 成犬身高：51~61厘米 | 成犬体重：18~30千克 | 主要用途：牧羊犬、导盲犬、伴侣犬

西伯利亚雪橇犬

又称哈士奇 / 温顺、活泼、热情

　　西伯利亚雪橇犬体形中等，有点胆小，和狼有着相似的外观。它是群居类的工作犬，不会相互嫉妒，可在短时间接纳新伙伴。由于其胆小，有时会被小型犬欺负，且从来不会主动朝着别的犬号叫，碰到突发事件时，会向主人寻求保护。西伯利亚雪橇犬个性温顺、活泼，几乎不会主动攻击人类。它很喜欢玩耍，热情好动。西伯利亚雪橇犬需要主人的陪伴，适合平时有空闲时间陪伴它、照顾它的人饲养。此外，对西伯利亚雪橇犬，主人不能骂它、打它，适合有爱心、耐心的人饲养。

耳朵为三角形，耳尖稍圆

尾巴上的被毛丰富，像狐狸尾巴，恰好位于背线之下

大腿上半部肌肉发达，有力

浓密、开司米状的下层毛长而粗糙，上层毛短而直

饲养指南： 西伯利亚雪橇犬可用煮熟、切碎的猪肺、牛肺等动物脏器，与青菜、玉米面等混匀煮熟后喂食，这样既经济实惠，又适合其胃口。西伯利亚雪橇犬在换季时，每天要梳理被毛2~3次，将快要脱落的被毛一起梳掉。夏季，每隔10~14天需要为它洗1次澡，冬天，可隔3~4周洗1次澡。

眼睛通常是棕色、浅褐色或蓝色的

鼻子通常都是
凉且潮湿的

腰部收紧、倾斜，比
胸腔窄，轻微折起

产地血统： 西伯利亚雪橇犬的原产地在俄罗斯的
西伯利亚地区。西伯利亚雪橇犬和狼的血统非常
近，其祖先可以追溯到新石器时代。当时，一群
中亚的猎人移居到西伯利亚，跟随在猎人身边的
狗狗和北极狼群交配后，逐渐发展成这种犬种。

脚中等大小，脚趾和
脚垫间有丰富的毛

耳朵被毛浓密，大
小中等，一般直立

背直而强壮，
背线平直

历史起源： 现代的西伯利亚雪橇犬起源于 18 世纪初，它是
世界上最古老的狗之一。西伯利亚雪橇犬是由东西伯利亚
游牧民伊奴特乔克治人饲养的，最初用来拉雪橇，进行捕
猎，引导驯鹿和守卫的工作。20 世纪初，西伯利亚雪橇犬
被毛皮商人带到美国。1909 年，西伯利亚雪橇犬在阿拉
斯加的犬赛中亮相。1930 年，美国养犬俱乐部正式承认
了西伯利亚雪橇犬。

寿命：13~18 年 ｜ 成犬身高：50~59.7 厘米 ｜ 成犬体重：31.6~54.2 千克 ｜ 主要用途：雪橇犬、伴侣犬

达尔马提亚犬

又称大麦町犬、斑点狗 ｜ 警惕、活泼、伶俐

达尔马提亚犬是一种斑点狗，肌肉强壮、活泼机警，本身具有很高的耐力，奔跑速度也很快，经常用于参加比赛。达尔马提亚犬性格勇猛、好动，只会对主人表现出温顺的一面，对他人以及陌生的家具都很暴躁，经常出现撕咬的状况，是个破坏狂。达尔马提亚犬活泼好动，保护意识很强，警惕、敏感。达尔马提亚犬需要充足的运动量，如果你很忙碌，那最好不要饲养它，尤其不适合上班族。达尔马提亚犬体形较大，不适合在城市饲养，适合住在郊区的人饲养。达尔马提亚犬吃得很多，饲养它的花费较多，所以比较适合有一定经济条件的人饲养。

头顶平坦，中间有轻微的纵向凹痕

颈部呈优美的圆弧形，相当长，没有赘肉，平滑地融入肩胛

鼻子的色素充足

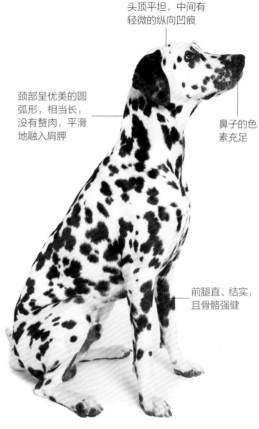

前腿直、结实，且骨骼强健

耳朵中等大小，根部略宽，逐渐变细，尖端略圆

尾根部粗壮，向末端逐渐变细，延伸到飞节

两只眼睛位置分得略开，中等大小

被毛短、浓厚、细腻，且伏贴

斑点大小合适，且分布均匀，斑点圆而清晰

饲养指南： 达尔马提亚犬每天需用煮熟、切碎的肉类制品 500 克左右，与等量的饼干或熟的干素料加适量水调和后喂食。达尔马提亚犬在运动后，要梳理被毛，除去粘在毛上的污垢，然后再用丝绒或柔软的毛巾擦拭被毛，以保持被毛的光洁美观。达尔马提亚犬需要大量的运动，否则它的体重易超标。

产地血统： 达尔马提亚犬原产地在克罗地亚。相传达尔马提亚犬的祖先来自埃及或者印度。达尔马提亚犬和波音达犬非常相似。达尔马提亚犬是很古老的犬种，在古埃及、希腊时期的浮雕和遗迹中都发现了达尔马提亚犬原始祖先的形象。

历史起源： 达尔马提亚犬起源于 15 世纪。19 世纪，英国和法国的贵族把它作为马车的护卫犬。20 世纪初，达尔马提亚犬在美国首次出现。

寿命：10~12 年 ｜ 成犬身高：48~58 厘米 ｜ 成犬体重：20~27 千克 ｜ 主要用途：护卫犬

美国比特犬

又称比特斗犬 / 顽强、勇敢、聪明

美国比特犬肌肉发达，整体结构紧凑，是一种体形优美的犬种。它拥有聪明的头脑和顽强的意志，耐力也很强，还很讲卫生。美国比特犬的咬合力很强，具有攻击意识，喜欢招惹别人，好争斗。美国比特犬不适合老年人饲养，比较适合年轻男士饲养。美国比特犬需要一定的运动量，主人需要陪它消耗体力，乐于运动的人适合饲养它。美国比特犬需要一定的专业训练，适合有专业养狗经验的人饲养。

眼睛中等大小，呈圆形或杏仁形

头大而宽，给人以强有力的印象

尾巴是背线的自然延伸，逐渐变细

脚圆、拱起、紧密，与身体的比例相称

耳朵生长位置高，保持原样或剪耳

口鼻宽而深

后腿强壮，肌肉发达，宽度适当

前腿强壮有力，肌肉发达

饲养指南： 美国比特犬的狗粮应该营养全面而均衡，并且要有一定的硬度。主人还可以经常让它啃食一些骨头，这样不仅可以起到磨牙的作用，还可以减少牙垢的形成。饲料的温度不能太高，要保持在40℃左右。美国比特犬的被毛最好每天梳理，因为梳毛不仅可以避免皮肤病，还可以促进血液循环。

产地血统： 美国比特犬原产地在美国。它是由美国斗牛犬和美国斯塔福德梗杂交培育的。

历史起源： 美国比特犬起源于19世纪，最初是作为斗犬而培育的一种具有强大杀伤力的凶猛犬种。1898年，美国养犬俱乐部对它进行了正式命名。

寿命：10~16年 | 成犬身高：约45厘米 | 成犬体重：30~58千克 | 主要用途：工作犬、护卫犬

巴山基犬

又称巴仙吉犬 / 好胜、顽皮、精力充沛、和善

巴山基犬属于短毛猎犬，腿部较长，身体灵活，外形矫健，身体各部位光滑，形态很美。巴山基犬的个性顽皮、好胜，喜欢与人亲近，对陌生人则表现冷淡。巴山基犬有很强的好奇心，喜欢在房子的周围散步。巴山基犬有群居的本能，具有主导其他犬的倾向，主导权没有确定前，群内会产生小竞争或打斗。巴山基犬在受到惊吓时，会发出尖锐的声音和笑声，而不会吠叫。巴山基犬作为中型犬，在有的城市是被禁止饲养的，所以比较适合居住在郊区的人饲养。另外，它每天都需要一定的运动量，有时间并且乐于运动的人适合饲养它。

饲养指南：巴山基犬每天需用煮熟、切块的肉类300~350克，与等量的麦片、无糖饼干等素食加水拌匀后喂食。主人每天都要给它供应干净的饮用水，次数在1~2次，夏天需要适当增加次数。巴山基犬易胖，因此，必须保证

眼睛不大，呈暗色，杏核形

皮肤松弛细致，短被毛，颜色黑、褐、白色，或栗色与白色混色

身体长，中等大小，稍宽，背直，胸部十分扩张，腹部向上凹入

它每天都能做适量的运动。主人要经常为巴山基犬梳理被毛，清理污垢，夏天每天都要洗澡。也要定期帮它清理耳垢、牙垢，保持清洁卫生，避免生病。

产地血统：巴山基犬原产地在刚果（金）。巴山基犬原属于猎犬犬种，它和古埃及画像上的狗很相似，可能存在血缘关系。

历史起源：巴山基犬起源于16世纪。20世纪初期，巴山基犬被带到英国。1937年，在英国进行繁殖。1941年，在美国进行繁殖。1942年，美国巴山基犬俱乐部成立。1943年，美国养犬俱乐部登记注册了巴山基犬。

头部高傲地昂着

耳短、呈尖形，直立耳，头有深深的皱纹

四肢强健，肌肉匀称、结实

脚小而窄，脚趾紧凑

| 寿命：10~12年 | 成犬身高：40~43厘米 | 成犬体重：9.5~11千克 | 主要用途：工作犬 |

西班牙猎犬

又称獚狗 / 温和、忠诚、挚爱

西班牙猎犬的体型不一样，其职能也就不一样，偏大的犬常被用来参加跳跃比赛，小型犬则用来捕鸟。这种犬对主人及家庭很忠实，喜欢取悦主人。个性聪明而独立，在工作中表现果断。它时而高贵，时而顽皮、友爱。西班牙猎犬适合家庭饲养，它每天都需要充足的运动量，有空闲时间并且乐于运动的人适合饲养它。

饲养指南：西班牙猎犬需要适时补钙，每天可用煮熟、切碎的新鲜肉类，与等量的熟干素料加少量水调和后喂食。西班牙猎犬需要做充足的运动量，每天需要散步或跑步1~2次，每次至少30分钟。西班牙猎犬的被毛浓密，主人需要定期为它梳理。它的耳朵贴在头两边，不透气，容易滋生细菌，主人也要定期帮它清理耳垢。

背直，坚韧，长而平

尾巴正好位于背线以下，通常与地面平行

脚大而紧凑，具有防震的厚脚垫

产地血统：西班牙猎犬原产地在西班牙，因此得名。西班牙小猎犬是西班牙猎犬中最古老的品种之一，它是由西班牙猎犬繁衍产生的。

历史起源：17世纪前，无论大小、身材，这种狗狗都被称为西班牙猎犬。1892年，英国犬类俱乐部将西班牙猎犬确立为独立的品种。

颈部长，强壮，肌肉发达

眼睛呈深琥珀色，深陷于菱形眼睑内或眼底部，呈"V"形

颅顶平，枕部明显

鼻大，呈方形，为具有各种色调的褐色

胸部深而宽，肋骨扩张

耳顶部宽，生长位置低，呈三角形，耳下缘呈圆形

前腿短而直，骨骼粗重，肘部靠近躯干

寿命：11~13年 | 成犬身高：48~51厘米 | 成犬体重：29~36千克 | 主要用途：狩猎犬

澳大利亚卡尔比犬

又称卡尔比、巴布 / 积极、敏感、敬业

澳大利亚卡尔比犬属于中型犬，肌肉发达，整体结构紧凑，可以用来放牧牛、绵羊、山羊和驯鹿。它很有敬业精神，工作效率高，即使距离稍远，也会对主人发出的命令快速做出反应，并且可以长时间连续工作。澳大利亚卡尔比犬适合放牧者饲养，每天都需要活动，而且要有事情做，不适合在公寓里生活。如果你很忙，就不太适合饲养它。

饲养指南： 澳大利亚卡尔比犬的食物量主要取决于它所需的能量和食物所含的热量，为了避免肥胖，还应根据其体重变化，随时做出调整。澳大利亚卡尔比犬需要有足够大的活动空间，最好能让它有事可做。澳大利亚卡尔比犬的被毛好打理，定期为它梳理即可。澳大利亚卡尔比犬常见疾病有渐进性视网膜萎缩和视网膜发育不良症，主人要定期带它体检，检查是否有异样，以便及时治疗。

产地血统： 澳大利亚卡尔比犬原产地在澳大利亚。很多人认为澳大利亚卡尔比犬是由澳大利亚丁格犬和边境柯利牧羊犬繁衍产生的，但有文献记载，它有英国北部柯利牧羊犬的血统。

历史起源： 澳大利亚卡尔比犬起源于19世纪。1870年，澳大利亚卡尔比犬开始广为人知。1908年，澳大利亚卡尔比犬进行了公开展览。

眼睛呈杏仁形，不突出也不凹陷

外层毛坚韧粗糙，能抵御风雪，内层毛浓密而短

脚部结构紧凑，呈椭圆形，拱形脚趾，脚垫厚且有弹性

耳朵中等大小，呈三角形

颈部长度中等，肌肉强健

前腿垂直于地面，大腿强壮、直，骨量充足

头长而狭窄，头骨呈圆拱形，带有明显的枕骨

背线紧挺、平直，从肩部缓缓向下至髋关节

尾巴中等长度，自然下垂

寿命：10~14年	成犬身高：43~51厘米	成犬体重：10~20千克	主要用途：畜牧犬、守卫犬

沙皮犬

又称大沥犬 / 自信、警惕、聪明

　　沙皮犬布满褶皱的外表带有王者之气，头部跟河马相似，个性强势，要想训练它不是易事。它不喜欢与其他的宠物犬相处，对主人忠诚、温顺，对陌生人比较冷淡。沙皮犬的食量小，并且很懒，不喜欢运动，习惯待在狗窝中，很适合在城市中饲养。沙皮犬自信、快乐，喜欢寒冷的天气，可以适应寒冷的气候。沙皮犬适合对犬不敏感，而且愿意经常为它清洗的人饲养。

饲养指南： 沙皮犬每天需要用煮熟、切碎，不少于500 克的新鲜肉类，与等量的熟干素料加少量水调拌均匀后喂食。主人必须保证沙皮犬饲料的新鲜和清洁。沙皮犬的餐具则要经常清洗、定期消毒。沙皮犬因皱纹多而易生皮肤病，因此，应当为它经常洗澡，夏天宜每周洗澡 2 次，秋季则每周洗澡 1 次，并可适当喷些香水以防止体臭。

产地血统： 沙皮犬原产地在中国广东省佛山市。有人认为它是北方的哈巴犬流传到广东后，由当地居民选种之后培育出的。从沙皮犬"紫色"的舌头来看，它和松狮犬有一定的血缘关系。

历史起源： 沙皮犬起源于 16 世纪，起初用于斗犬、牧羊和狩猎。沙皮犬的生存状况一度不乐观。1970年，美国饲养者努力挽救了沙皮犬。1970 年到1975 年间，出现过拯救沙皮犬的行动。

耳朵小而薄，呈等边三角形，耳尖稍圆

眼睛深色，杏眼，带怒容

鼻子大而宽，一般呈黑色

被毛密实，短而硬，直立的毛覆盖在身体上

头部平而宽，适度发达

颈部长度适中，粗壮

尾根粗且圆，向后逐渐变得细尖

背线在马肩隆以下稍微放低，然后略微升高至腰部上方

胸部宽且深，胸肉触及肘部

前腿直，长度适中，骨骼良好

脚尺寸适中、紧凑、不扩张，脚趾关节接合良好

后腿肌肉发达、强壮，弯曲适度

寿命：11~12 年 ｜ 成犬身高：46~56 厘米 ｜ 成犬体重：22~27 千克 ｜ 主要用途：工作犬、伴侣犬

小明斯特兰犬

活泼、机敏

小明斯特兰犬指示猎物的能力特别强。属于体形壮硕的品种，与较大的同类相比，大小、毛色均有明显的分别。小明斯特兰犬性情活泼、温和，很友善，反应机敏。可以和其他动物相处，和孩子也相处得很好，学东西很快，容易训练。小明斯特兰犬适合居住在城市或郊区，主人最好能为它提供足够的活动空间。小明斯特兰犬需要有一定的运动量，热衷运动并且有足够时间陪它运动的人适合饲养它。小明斯特兰犬也很适合有孩子的家庭饲养。

饲养指南： 小明斯特兰犬忌食酱油、糖、盐、味精、花椒、大料等，此外，如玉米、大豆、芝麻等一些不易消化的食物也不要喂食。主人每天都要给小明斯特兰犬供应干净的饮用水。给它洗澡前，应带它出去散步。洗澡的水温应保持在36~38℃。

产地血统： 小明斯特兰犬原产地在德国的威斯特伐利亚。小明斯特兰犬是混血的猎鸟犬种，是法国猎犬和近似荷兰猎鸟犬的结合。

历史起源： 小明斯特兰犬起源于19世纪，并在德国以外的国家逐渐普及。小明斯特兰犬和大明斯特兰犬属于同一种犬类，二者除了颜色、大小不同，其他特征都相同。

头部宽阔，略圆

被毛色为白色和红褐色相间

背部略向下斜，结实

颈部肌肉发达

光滑的被毛长，且有边毛

前腿直立，脚垫厚

宽耳朵紧贴头两侧

| 寿命：12~13 年 | 成犬身高：48~56 厘米 | 成犬体重：15 千克左右 | 主要用途：猎鸟犬 |

恩特雷布赫山地犬

又称恩特雷布赫牧牛犬、英特布彻山地犬 / 忠诚、活泼、友善

　　恩特雷布赫山地犬可以在较为险峻的山区保护和驱赶畜牧群，也可以与儿童愉快地玩耍。工作的时候警惕性高，勇猛强悍，与家庭成员相处时就变得温顺而友善，很受孩子们的喜爱。恩特雷布赫山地犬容易训练，服从性强，很忠诚。恩特雷布赫山地犬会保护主人，特别是孩子，有孩子的家庭很适合饲养。恩特雷布赫山地犬需要进行专业的训练，有丰富专业的养狗经验的人适合饲养它。恩特雷布赫山地犬还适合乐于运动且有时间陪它运动的人饲养，也很适合牧民饲养。

饲养指南： 恩特雷布赫山地犬爱吃零食，因此要控制其热量摄入。可将新鲜鸡肉、米饭、胡萝卜、鸡肝等混合煮熟后喂给它吃。注意要给恩特雷布赫山地犬补充充足的蛋白质和维生素。主人每天都要给恩特雷布赫山地犬供应干净的饮用水。刚开始驯养恩特雷布赫山地犬时，要严厉一些，不可太过放任。恩特雷布赫山地犬需要较大的活动量，可经常带它出去散步。

眼睛较小，为栗色

耳朵下垂，呈"V"形

毛色为黑色底色搭配黄色至淡黄色的斑纹

产地血统： 恩特雷布赫山地犬原产地在瑞士的琉森州。这种犬极有可能有莫洛索司犬的血统，这是一种凶悍的大猛犬。也可能有瑞士当地的其他犬种的血统。

历史起源： 恩特雷布赫山地犬最早以如今这个名称出现是在 1889 年，这种犬主要被用于驱赶畜牧群。

头部大小适中

后腿强壮有力

前腿较直

浓密的被毛又短又硬

寿命：11~13 年 | 成犬身高：45~50 厘米 | 成犬体重：25~27 千克 | 主要用途：牧畜犬、伴侣犬

柴犬

又称丛林犬、西巴犬 / 勇敢、质朴、机敏

柴犬外观有点像秋田犬，只是体形细小，属于猎鸟猎兽犬。柴犬能够应付某些复杂的地形，加上灵敏的感官，可谓是高品质的狩猎犬。柴犬思维机警、动作敏捷、感官敏锐，是优秀的看门犬和伴侣犬。柴犬忠于主人，对人很宽容，性格勇敢、顺从，警戒心强。柴犬很爱干净，没有体味，对人友善，适合家中有小孩和老人的家庭饲养。它独立性很强，不爱黏人，不需要太多的陪伴，适合上班族饲养。柴犬价格比较高，喂养的费用也高，适合有一定经济基础的人饲养。

饲养指南： 因为犬粮容易发酵、变质，如果误食，可引起食物中毒，因此，柴犬的食物最好是加热后放凉的新鲜食物，并且喂食量要适当，不要有剩余。柴犬的趾甲呈半透明状，透过光还可以看到红色的血管，因此，在给它剪趾甲时，千万不能剪到血管部位。柴犬属于猎犬，需要一定运动量和活动空间。需要花很长的时间进行训练，否则它会乱叫，甚至出现咬人的情况。柴犬在外面容易和别的狗狗争斗，出门一定要使用牵引绳，避免其失控。

产地血统： 柴犬原产地在日本的山岳地区。有人认为柴犬有松狮犬的血统，也有人认为它是由中国松狮犬和日本本土的纪州犬繁衍产生的。

历史起源： 公元前 1000 年，柴犬就生活在日本山区，是一种很古老的犬类。1936 年，日本政府指定柴犬为天然纪念物。

眼睛颜色呈深褐色，眼睑呈黑色

尾巴粗壮有力，呈镰刀状或卷曲状卷在背后

颈部粗壮，强健，长度适中

两前腿和两前脚都适度分开，直且各自彼此平行

后腿结实，自然的姿势下距离较宽

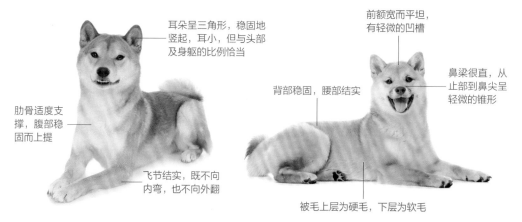

耳朵呈三角形，稳固地竖起，耳小，但与头部及身躯的比例恰当

肋骨适度支撑，腹部稳固而上提

飞节结实，既不向内弯，也不向外翻

前额宽而平坦，有轻微的凹槽

鼻梁很直，从止部到鼻尖呈轻微的锥形

背部稳固，腰部结实

被毛上层为硬毛，下层为软毛

寿命：10~12 年 | 成犬身高：36.8~41.9 厘米 | 成犬体重：6.8~11 千克 | 主要用途：狩猎犬、工作犬、伴侣犬

硬毛指示格里芬犬

又称超级枪猎犬 / 聪明、灵敏、忠诚

　　硬毛指示格里芬犬的嗅觉很灵敏，喜欢狩猎，可用于追寻并指示猎物，主要用于捕猎鹌鹑、野兔、狐狸等动物。它能穿越多种复杂地形，运动时能表现出轻盈而迅捷的优美体态。它易于训练，忠于家庭，且性格十分友好，这些优点使它受到大家的喜爱。硬毛指示格里芬犬是很好的家庭宠物，适合家庭饲养。它每天都需要充足的运动量，适合有空闲时间又乐于陪它运动的人饲养。

饲养指南： 硬毛指示格里芬犬进食时不太咀嚼，需将粗纤维的蔬菜切碎或煮熟后再给它喂食。为了让它磨牙，还需经常给它一些骨头吃。对于成长期的幼犬，其食物要以动物性蛋白为主，多喂它高热量的食物。硬毛指示格里芬犬每天都需要充足的运动量，运动量不足会影响它的生长发育。此外，为了保持它的狩猎技能，还需要对其进行严格的训练。硬毛指示格里芬犬的被毛很容易乱，主人需要每天都帮它梳理毛发。

产地血统： 硬毛指示格里芬犬原产地在法国。它可能有格里芬犬和法国指示猎犬的血统。

鼻子为黑色，较宽，有光泽

颈相当长，没有多余的皮肤和赘肉

尾巴被剪短

前腿直而有力

历史起源： 硬毛指示格里芬犬起源于 19 世纪。1870~1873 年，荷兰育种者科萨尔成功地培育出硬毛指示格里芬犬。

头盖骨呈圆顶形，枕骨略微突起

后腿结实健壮

耳朵下垂

双层被毛，外毛粗糙坚硬，像雄野猪毛，内层被毛厚而较软

寿命：12~15 年　|　成犬身高：56~61 厘米　|　成犬体重：23~27 千克　|　主要用途：狩猎犬

大明斯特兰犬

敏感、友善

大明斯特兰犬感情丰富，与人相处和谐，很讨人喜欢，还可与其他宠物混合饲养。它喜欢与孩子嬉戏玩耍，同时充满耐心，甚至可以胜任时钟犬的角色。它性情温顺，对主人的指示非常顺从，喜欢吸引主人的注意力，希望主人可以陪它玩耍。大明斯特兰犬需要足够的活动空间，适合生活在农村或者郊区。它需要有一定的运动量，热衷于运动并且有足够时间陪它运动的人适合饲养它。

饲养指南： 在大明斯特兰犬成长期间，要注意钙和微量元素的摄入。大明斯特兰犬要饮用清洁的饮用水，饮用水需供应充足，但不要让其饮用生水。由于它的皮肤不常出汗，因此，不需要经常洗澡，洗多了反而对它的皮肤不利。如果是在室外饲养，一年为其洗 3~4 次即可。大明斯特兰犬洗澡的水温应保持在 36~38℃，不能太凉，也不能过烫。主人要定期帮它梳理毛发。

产地血统： 大明斯特兰犬原产地在德国。大明斯特兰犬曾被作为弃犬，送给了当地农民和猎人。大明斯特兰犬是由弃犬中的黑白颜色的犬演变产生的。

历史起源： 大明斯特兰犬起源于 19 世纪。19世纪后期，德国长毛指示犬俱乐部制定了大明斯特兰犬的标准。1919 年，大明斯特兰犬俱乐部成立。

圆形的宽耳朵紧贴两侧

颈部肌肉发达、结实

前腿笔直，脚上有厚垫

有着宽阔而略圆的头

被毛色由黑白混合而成，形成花白色斑点

胸部宽而深

尖锥形的尾巴与背部成一条直线

后腿肌肉结实，背面长有边毛

寿命：12~13 年 ｜ 成犬身高：59~61 厘米 ｜ 成犬体重：25~29 千克 ｜ 主要用途：单猎犬

大型犬

大型犬一般指成犬身高 61 厘米以上、体重 30 千克以上的犬
种。它们具备强壮的身体、充沛的精力、专注的精神，可以
在很恶劣的环境下工作。除了拥有超强的工作能力，它们也
是主人很好的伙伴。常见的大型犬主要有大白熊犬、秋田犬、
苏格兰牧羊犬、西藏獒犬、阿拉斯加雪橇犬等。

中亚牧羊犬

又称中牧 / 冷静、无畏、自信

中亚牧羊犬的脸部皮肤较厚，会形成皱纹，口鼻较长，被毛短而密。它是优秀的工作犬，可以适应多种气候，胜任多种工作。它个性友善，对待孩子和家庭中的其他动物也同样友善。有强烈的保护欲，通过命令可以很好地控制它，并且学习速度很快。中亚牧羊犬可以保护羊群和家畜，它适应了游牧民族的生活方式，适合牧民饲养。中亚牧羊犬适合有孩子的家庭饲养。中亚牧羊犬要求较大的生活空间，小的生活环境会令它厌倦，居住在郊区的人比较适合饲养它。

耳朵不大，呈三角形，悬垂，耳根位置低

胸部底线略低于肘，或与肘平齐，长

前腿粗壮、浑圆、笔直，深插入身体

饲养指南：中亚牧羊犬虽然食量不大，但必须保证食物营养均衡。每天都要喂食中亚牧羊犬新鲜的肉类和蔬菜。中亚牧羊犬喜欢扩张领地，因此，它必须生活在安定、有限制的范围内。中亚牧羊犬的被毛需要主人经常梳理，否则容易结成一团。

产地血统：中亚牧羊犬原产地在俄罗斯和中亚诸国。它的祖先可能是亚洲獒，它是现今大型高加索牧羊犬的近亲。中亚牧羊犬可能是欧洲牧羊犬的祖先。

历史起源：中亚牧羊犬起源于中世纪，是一种历史悠久的古老品种。中亚牧羊犬起初是用于守卫牲畜的。1999 年，超过 7000 只中亚牧羊犬幼犬在俄罗斯被登记注册。

被毛粗糙、直，底毛发达

眼睛不大，呈卵圆形，深陷于眼窝

脚大，呈卵圆形，像猫足

腰部短、宽，肌肉饱满，稍弓

| 寿命：9~11 年 | 成犬身高：70~90 厘米 | 成犬体重：50~90 千克 | 主要用途：牧羊犬 |

法国狼犬

又称波什罗奇、法国短毛牧羊犬 / 大胆、警惕、勇敢

法国狼犬是牧羊犬中体形最大的犬种之一，最初被用来猎取野猪，后来在很长一段时间里作为放牧犬、警卫犬和家庭护卫犬被饲养。它肌肉发达，很有力量，拥有短而厚的被毛。它个性勇敢、沉稳、充满警惕性，对主人及其家庭都十分忠诚，主人发出命令，它就会快速执行。法国狼犬胆子很大，智商高，性格稳定，可以和熟悉的动物和平相处。法国狼犬需要进行严格的训练，适合有一定养狗经验的人饲养。法国狼犬需要主人比较多的关爱，主人需要多花一点时间陪伴它们，所以工作不是很忙碌且有一定空闲时间的人适合饲养它。

耳朵位于头顶，自然下垂，短而平

眼睛呈圆形

胸深，肋部有弹性

脚呈圆形且有力

饲养指南： 法国狼犬每天都需要食用新鲜的肉类及等量的杂粮和蔬菜等素食。不要给法国狼犬喂食淀粉含量高的食物，这种食物会使它体重超标，影响美观和身体健康。需要适当给法国狼犬补钙。法国狼犬需要充足的运动量，因此，必须给它较大的活动空间，并且不能把它长时间留在室内。主人要从一开始就对它进行严格的训练，平时严格看管，让其养成良好的习惯。

产地血统： 法国狼犬原产地在法国，它和布里犬外观上大不相同，却有着共同的祖先。

历史起源： 法国狼犬起源于16世纪，最初用来猎取野猪。第二次世界大战时期，军人甚至用它来传递消息。1587年，有文献记载了法国狼犬。1809年，一位牧师对法国狼犬和布里犬的区别进行了描述。19世纪后期，长披发的狗被命名为布里犬，短毛的狗被命名为法国狼犬。19世纪末期，波尔·摩根制定了法国狼犬的辨识标准。1922年，成立了法国狼犬俱乐部。

头部呈长方形，有一些突起的头骨

尾巴微呈"J"形，被毛微浓密

颈部强健，背直而有力

臀部适当下斜

前腿长且直，圆脚，黑色脚趾

寿命：10~12年 | 成犬身高：64~71厘米 | 成犬体重：30~39千克 | 主要用途：牧羊犬、护卫犬

布里犬

又称法国长毛牧羊犬 / 活泼、机敏

布里犬是北欧的古老犬种，肌肉发达，被毛呈波浪形，可以抵御风雨的侵袭。作为牲畜守护犬和放牧犬，其听力十分灵敏，且富有感情，对工作充满热情，对主人忠诚顺从，个性聪明勇敢、温和可亲，对小孩非常有耐心，可以很好地保护主人和家庭。布里犬适合有孩子的家庭饲养。饲养布里犬需要花费大量的时间和精力，所以适合工作不是很忙碌且有一定空闲时间的人饲养。

饲养指南： 布里犬每天都需用煮熟、切块的新鲜肉类，与等量的各种杂粮、蔬菜等素食加水调拌均匀后喂食。主人需要适当给布里犬补钙。饲养布里犬需要有充足的时间和精力。它的被毛需要定期梳理，否则会脱落。

产地血统： 布里犬原产地在法国。布里犬和法国狼犬外观上大不相同，却有着共同的祖先。

头部较长而宽，但不显得笨重

鼻子略呈正方形，黑色，鼻孔张开

背线延伸到宽阔的腰部和臀部，背部直

颈部与肩部结合良好，胸部宽而深

前腿肌肉发达，且骨骼强健

脚结实且圆，略呈卵形，脚趾结实，适度呈圆拱形

历史起源： 布里犬起源于 13 世纪，它是北欧最古老的品种之一，起初用来抵御狼和防窃贼。1863 年，布里犬参加了巴黎狗赛。第一次世界大战后，布里犬被带到美国。1970 年，布里犬在英国开始流行。

两眼之间位置分得比较开

嘴唇颜色呈黑色

耳朵根部厚实、坚固，被长长的被毛所覆盖

口吻被髭须和胡须覆盖

外层被毛粗糙、硬、干燥，自然下垂，略呈波浪状

臀部肌肉发达，略微倾斜

尾巴有羽状饰毛，末端呈钩状，下垂

| 寿命：10~12 年 | 成犬身高：57~69 厘米 | 成犬体重：34 千克左右 | 主要用途：牧羊犬、护卫犬 |

霍夫瓦尔特犬

坚定、忠诚

　　霍夫瓦尔特犬体格健壮但不显笨重，在室内很安静，到了户外就会很兴奋，精力充沛。它具有很好的防御意识，可以很好地保护家畜的安全，还可用来做跟踪、雪崩救援、看家和防卫等工作。霍夫瓦尔特犬的嗅觉灵敏、头脑聪明，可塑性很强。霍夫瓦尔特犬顺从自己的主人，忠诚于家庭，和儿童相处得很好。霍夫瓦尔特犬需要有充足的活动空间，适合住在农村、郊外的人饲养，适合野外工作者饲养。霍夫瓦尔特犬需要充足的运动量，适合乐于运动且有时间陪它运动的人饲养。

饲养指南： 幼犬刚出生时，吃母奶，当它开始长牙时，就要断奶，然后喂食流质食物，可用肉罐头加温开水调成糊喂食，也可用幼犬干粮加热水泡软喂食。霍夫瓦尔特犬需要充足的运动量，因此，要给它提供足够的活动空间和时间。

产地血统： 霍夫瓦尔特犬原产地在德国。霍夫瓦尔特犬含有德国的黑林山和哈茨山区的一些农场犬的血统，可能还有纽芬兰犬、匈牙利库瓦兹犬和德国牧羊犬的血统。

历史起源： 霍夫瓦尔特犬起源于13世纪。15世纪，有文字记录了霍夫瓦尔特犬追击盗贼的情形。后来濒临绝种。1920年，库尔特·康尼格对霍夫瓦尔特犬进行了培育。1937年，德国养犬俱乐部承认了霍夫瓦尔特犬。1980年，霍夫瓦尔特犬首次出现在美国。

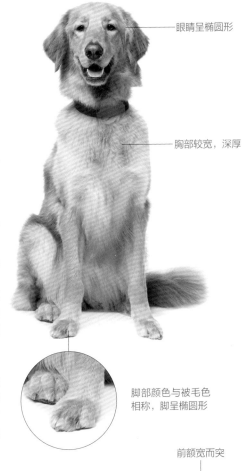

眼睛呈椭圆形

胸部较宽，深厚

脚部颜色与被毛色相称，脚呈椭圆形

耳朵下垂

前腿略微倾斜，前腿背面有饰毛

前额宽而突

尾巴长度超过肘关节，长满饰毛，兴奋时就会高举

寿命：12~13年 | 成犬身高：58~70厘米 | 成犬体重：25~41千克 | 主要用途：牧羊犬、看家犬

大髯犬

又称巨型雪纳瑞、巨型史纳莎 / 热情、机警、聪明

大髯犬的外表稍显粗糙，具有浓密的被毛，可以适应各种气候条件，它兼具力量和耐力，属于多用途工作犬。大髯犬很容易训练，对家庭也非常忠实，喜欢玩闹，安静时又显得温和。大多喜欢户外生活，对陌生人也会保持戒备心理。大髯犬对其他狗狗和宠物有一定攻击性，已经有其他宠物的家庭就不适合饲养它了。大髯犬可以花费很多时间陪伴孩子玩耍，住在郊区或农村、有孩子的家庭适合饲养它。大髯犬也是优秀的警卫犬，适合警方饲养使用。

饲养指南： 大髯犬需要经常补充蛋白质，主人可给它喂食鸡蛋、米饭、奶酪等。此外，大髯犬应当多食米饭，这样不仅有利于它的消化系统，而且还可以使它的被毛发亮。不能让它吃太多的肉类，否则容易导致皮肤问题。大髯犬洗澡次数不宜过多，最好每年不超过 3 次，除非有特殊原因。大髯犬的被毛浓密，主人要定期帮它梳理毛发。

耳位高且竖立

眼睛中等大小，深褐色，位置深

有柔软的底毛和粗糙的被毛

前脚直，脚腕结实，骨量充足

颈部结实，具有优美的弧线，中等长度

后腿肌肉发达，与前腿平衡

产地血统： 大髯犬原产地在德国。据说大髯犬是由佛兰德斯畜牧犬、黑色大丹犬以及标准髯犬等犬种杂交后培育繁衍的。

历史起源： 大髯犬起源于 15 世纪，最早被用来驱赶牲畜群。1909 年，大髯犬在德国慕尼黑犬展上首次展出。

头顶平坦，没有皱纹

脚适度圆拱，类似紧凑的猫足

寿命：13~16 年 | 成犬身高：60~70 厘米 | 成犬体重：32~35 千克 | 主要用途：牧羊犬、警卫犬

德国牧羊犬

又称狼狗、弓背、黑背 / 服从、敏锐、警惕

德国牧羊犬胆大凶猛，机警灵活，在第一次世界大战期间曾被用作军犬。其奔跑时速可达 60 千米，追踪猎物的热情很高。德国牧羊犬个性安稳沉着，很有耐性，对人的依赖性强，易于训练。德国牧羊犬已被广泛地当作军、警用犬，在追踪、救护、护卫等方面不断地为人类做出贡献。在中国的大部分城市，德国牧羊犬被禁止饲养，它属于有攻击性的狗狗，不适合在城市家庭饲养。德国牧羊犬适合警察及从事护卫、搜索等工作的人饲养，它还可以做导盲犬，适合盲人饲养。

饲养指南：为了保证德国牧羊犬的正常生长发育，需要给它及时补充脂肪、蛋白质、碳水化合物、维生素及矿物质等。禁止给德国牧羊犬喂食洋葱、西红柿、土豆、蘑菇等食物。冬天气温低时，不要给狗狗喂食凉的食物，避免其肠道出现问题。德国牧羊犬具有储食的习性，可以经常看到它用爪子刨坑，并把动物骨头埋进去，然后用土盖上。

产地血统：德国牧羊犬原产地在德国西部的卡尔斯鲁厄。德国牧羊犬具体的血统来源不明，它可能是由德国古老的艾尔沙奇亚犬和其他犬种交配育种而来的。

历史起源：1902 年 4 月 17 日，德国牧羊犬诞生在德国。第一次世界大战后，德国牧羊犬被引进英国，随后传到世界各地。

耳朵形状略尖，与头的比例协调

头部大小适中，额部的宽度与头的长度为 1：2

颈部肌肉发达，轮廓鲜明

脚短，脚趾紧凑且呈圆拱状，脚垫厚实而稳固，趾甲短且为暗黑色

普遍毛短且直、浓密、粗硬、平贴身体

尾巴长，被毛浓密，生长位置较低

胸部丰满、宽阔，使其心、肺拥有足够空间

鼻子通常为黑色。嘴唇的曲线刚强优美，颌部坚固

腰部强壮，臀部长而倾斜

前腿笔直，骨骼呈卵形

后腿的大腿宽，肌肉发达

| 寿命：10~12 年 | 成犬身高：55~65 厘米 | 成犬体重：22~40 千克 | 主要用途：牧羊犬、警犬、搜救犬 |

137

马雷马牧羊犬

聪慧、安静、沉着

马雷马牧羊犬是最佳的牧羊犬，深爱本职工作，也是野狼的劲敌，但对人非常温顺，颇受牧民的尊敬。它沉着高傲，不易服从，需要严格训练，对主人忠诚，对孩子温和，但对陌生人比较警惕。马雷马牧羊犬需要足够的空间，适合在农村或者郊区饲养。马雷马牧羊犬需要足够的活动量，适合乐于运动且有足够时间陪它运动的人饲养。

饲养指南：如果马雷马牧羊犬的母犬泌乳不足或缺乳，可给其幼犬喂食蛋白质含量丰富而又易消化的饲料，还可给母犬喂食或注射具有催乳作用的催产素或血管升压素。马雷马牧羊犬需要大量的活动时间和广阔的活动空间。马雷马牧羊犬不耐高温，因此，夏季应注意给其防暑降温。马雷马牧羊犬的被毛需要定期刷洗。

背部中等长度，直、坚实且相当宽

眼睛呈杏仁形，眼睑紧，深棕色

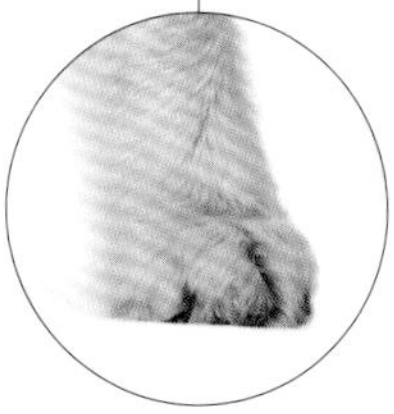

产地血统：马雷马牧羊犬原产地在匈牙利。祖先已不可考，据说它可能是 1000 年前的白色东方牧羊犬的后裔，后来从土耳其传到匈牙利。

历史起源：马雷马牧羊犬起源于 13 世纪，是欧洲很古老的品种。

脚发达，脚垫黑色，紧凑且有弹性

耳朵呈"V"形，尖端略圆，位置靠后

面颊平坦，眉骨呈圆拱状

颈部肌肉发达，无赘肉

腿部骨量中等，直且肌肉发达

寿命：10~12 年 | 成犬身高：55~66 厘米 | 成犬体重：36~50 千克 | 主要用途：牧羊犬、伴侣犬

西班牙獒犬

又称马斯丁犬 / 服从、机警

西班牙獒犬具有獒犬的典型外貌特征，与西藏藏獒不同，作为伴侣犬，它不需要经过大量的训练，可以直接用绳索牵出去。由于其体形偏大，生活中并不是受欢迎的宠物。它是忠于主人的护卫犬，但是也会出现攻击性行为。西班牙獒犬适合居住在郊区，主人最好能为它提供足够的活动空间。西班牙獒犬适合有丰富养犬经验的人饲养。

饲养指南： 西班牙獒犬每天需用煮熟、切碎的肉类制品 500 克左右，与等量的饼干或熟干素料加适量水混合均匀后喂食。西班牙獒犬每天都需要充足的运动量，因此要有足够的空间供其活动。西班牙獒犬被毛较厚，主人需要定期为它梳理毛发。

头部宽阔

被毛细、厚，摸起来柔软

胸部多肉，颈部的赘肉是其最明显的特征

产地血统： 西班牙獒犬原产地在西班牙。英国统治法国的波尔多地区时，波尔多当地的大狩猎犬和英国獒犬、西班牙的同类犬杂交后产生了西班牙獒犬。也有人说它可能是罗马人带来的古老獒犬的后代。

历史起源： 西班牙獒犬起源于 9 世纪，长期以来被用来保卫农庄的牲畜。西班牙牧羊犬协会中保留有 15 世纪以来西班牙獒犬是怎样保护羊群免受狼伤害的相关记录。近年来，西班牙獒犬得到美国和北欧国家养狗人的注意。

耳朵不大，耳边呈尖形

下巴相对显得较短

前腿骨骼健壮、笔直

两眼间有明显的鼻梁，鼻子宽

圆形的脚，脚趾大

寿命：10~11 年 | 成犬身高：66~74 厘米 | 成犬体重：50~61 千克 | 主要用途：工作犬、伴侣犬

苏格兰牧羊犬

又称苏牧、柯利 / 聪明、活泼、忠诚

苏格兰牧羊犬是充满灵性的犬种，外形可爱，整体结构比例非常和谐。个性聪明活泼，对主人很忠诚，很容易跟人亲近，所以很受人们的喜欢，被认为是最有魅力的牧羊犬，它的机警温顺和漂亮外形也使它频频出现在影视作品中。苏格兰牧羊犬有非常强烈的保护儿童的意识，但是有点执拗、懒惰，需要严格训练。苏格兰牧羊犬的毛发要花费时间清理，适合有耐心且愿意花费时间和精力帮它清理的人饲养。苏格兰牧羊犬精力旺盛，要有充足的运动量，适合乐于运动且有时间运动的人饲养，有丰富养狗经验的人也适合饲养它。

耳朵过大，通常无法举起

背部结实且水平

胸部深，深度达到肘部

前腿直，且肌肉发达，骨量充足，与身体协调

后腿不那么丰满，后腿大腿肌肉发达且非常有力

腰部有力，且呈圆拱状，臀部倾斜

外层被毛直，触摸感觉粗硬；底毛柔软、浓厚，紧贴身体

眼睛呈杏仁形，中等大小，既不太大，也不突出

颈部粗壮、整洁，肌肉发达，有大量饰毛

饲养指南： 在喂养苏格兰牧羊犬的过程中，需要给它适当补充一些蛋白质和脂肪。生肉或动物内脏要先用水洗净，然后切碎、煮熟，再加入蔬菜，煮沸，可用这样的肉菜汤喂食。给苏格兰牧羊犬选择饲料时，要注意营养全面，搭配均衡，而且不能长期单一喂食一种饲料，以免其出现厌食的情况。苏格兰牧羊犬每天都需要充足的运动量。主人需要耐心对它进行训练，否则就连最简单的事情它也可能学不会。苏格兰牧羊犬被毛很厚，主人要经常为它梳理。

产地血统： 苏格兰牧羊犬起源于苏格兰低地。苏格兰牧羊犬是随意杂交不同的血系而产生的狗狗。它后期和俄罗斯的牧羊犬进行了杂交，变得高贵而忧郁。

脚相当小，呈卵形。脚垫厚实而坚韧，脚趾圆拱且紧凑

历史起源： 苏格兰牧羊犬原来是一种下等犬，1860年，它得到维多利亚女王的喜爱，从此名声大噪。1872年，出现了漂亮的黑灰色的苏格兰牧羊犬，备受人们喜爱。1880年，苏格兰牧羊犬在伯明翰第一次展出。19世纪90年代末期，苏格兰牧羊犬受到了美国人的喜爱。

尾巴长度适中，能延伸到飞节或更低

寿命：12~15 年 | 成犬身高：56~66 厘米 | 成犬体重：22.7~34 千克 | 主要用途：牧羊犬、伴侣犬

拉坎诺斯犬

聪明、顺从、敏感

拉坎诺斯犬拥有很高的智商，防护能力也很强，在牧羊犬中是优秀品种，具有放牧、护卫、探毒、追踪、看守、辅助残障人士等职能。拉坎诺斯犬个性聪明、顺从，有点敏感，比较胆小，容易受到惊扰。拉坎诺斯犬很热情，占有欲强烈。拉坎诺斯犬适合牧民、警察、残疾人饲养。它需要足够的活动空间，适合居住在农村或者郊区的人饲养。

饲养指南： 拉坎诺斯犬每天都需要用煮熟、切块的新鲜肉类，与等量的杂粮、蔬菜等素食加水调拌均匀后喂食。拉坎诺斯犬需要大量的活动时间和宽敞的活动空间，每天至少出去散步 2 次，每次至少 30 分钟。

产地血统： 拉坎诺斯犬原产地在比利时。所有的比利时牧羊犬都是从当时刻苦工作的狗狗中培育来的。

历史起源： 拉坎诺斯犬起源于 13 世纪，原本是用来在安特卫普地区做看守羊群和亚麻布的警卫犬。1959 年，美国养犬俱乐部承认了格罗安达犬、特弗伦犬和马利诺斯犬这三种比利时牧羊犬，至今尚未承认拉坎诺斯犬。美国联邦养犬俱乐部则把拉坎诺斯犬和格罗安达犬、特弗伦犬以及马利诺斯犬这四种比利时牧羊犬当成一个品种全部予以承认。

耳朵为三角形，牢固的地竖立着

鼻子黑色，无污迹或褪色

趾甲强壮，呈黑色

头部大小与身躯的比例匀称

臀部肌肉发达，只是略微倾斜

前脚脚趾圆拱，脚垫厚实且富有弹性

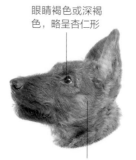

眼睛褐色或深褐色，略呈杏仁形

头部轮廓简洁、结实

寿命：12~14 年 ｜ 成犬身高：56~66 厘米 ｜ 成犬体重：28 千克左右 ｜ 主要用途：牧羊犬

特弗伦犬

又称比利时坦比连犬 / 聪明、勇敢、机警

特弗伦犬身材匀称，不但可以牧羊，还能保护财产。个性不是很凶猛，接受命令后会警惕、专注地行动。特弗伦犬的身体比例协调，头部和颈部高傲地昂起。性格温和，喜欢黏人，幼犬性情温和，成年后对主人亲密，对陌生人时刻保持警惕。特弗伦犬对孩子不友善，不适合有孩子的家庭饲养。需要有耐心、细心且有空余时间陪它运动的人饲养。特弗伦犬可以牧羊，还能保护财产，适合牧民饲养。

饲养指南： 特弗伦犬每天都需要用新鲜的肉类以及等量的蔬菜、饼干喂食。特弗伦犬活泼好动，每天都需要足够的活动量，因此，每天都要给予它一定的活动时间。主人每天都要梳理特弗伦犬的被毛，去除被毛上的灰尘。主人要每隔 2~3 周给特弗伦犬洗一次澡，夏季气温高时，每隔 1~2 天洗一次澡。耳垢和牙垢要每隔 3~5 天清理一次，主人还要用 2% 的硼酸水为其洗眼睛，也需要定期为它修剪爪子，注意卫生和身体健康。

产地血统： 特弗伦犬原产地在比利时。和特弗伦犬血缘最接近的是格罗安达犬。如果有两只格罗安达犬相互交配，有时凑巧就可以生出特弗伦犬。

历史起源： 特弗伦犬起源于 13 世纪。1891 年，比利时的鲁尔教授培育出特弗伦犬这个品种。

眼睛褐色，中等大小

颈部圆，肌肉发达，长而文雅，略微呈圆拱状

耳朵呈三角形，杯状

外层被毛长、直且丰厚，毛质为中等粗硬

脚趾弯曲、紧凑，脚垫厚实，趾甲结实

鼻子为黑色，无污迹或褪色

背线平、直，且稳固

前腿直，两前腿彼此平行，且垂直于地面

寿命：11~13 年 | 成犬身高：55.9~66 厘米 | 成犬体重：24~34 千克 | 主要用途：牧羊犬、护卫犬

马利诺斯犬

又称马犬、马里努阿犬 / 机敏、胆大、警觉

马利诺斯犬属于短毛犬，服从性好，没有过多的侵略性，忠诚于主人，对陌生人有所保留，有保护主人和自己财产的本能。具有强烈的工作愿望，工作时胆大凶猛、攻击力强，对主人的命令反应迅速，广泛应用于追踪、缉毒、警戒、护卫等工作中。马利诺斯犬适合警察饲养，它需要有足够的活动空间，适合居住在郊区或者农村的人饲养。马利诺斯犬适合有丰富养狗经验的人饲养，也适合有时间且乐于带它运动的人饲养。

饲养指南： 马利诺斯犬每天都需要用煮熟、切块的新鲜肉类，与等量的杂粮、蔬菜等素食加水调拌均匀后喂食。马利诺斯犬精力充沛，每天都需要充足的运动量，不能把它长时间关在家里，否则它会变得烦躁不安。

被毛相当短，直而硬，密集的绒毛足以适应天气的变化

两后腿之间相互平行，且大腿肌肉发达

产地血统： 马利诺斯犬原产地在比利时。

历史起源： 马利诺斯犬起源于 13 世纪。1891 年，在比利时的马林市，一群繁殖家推动了马利诺斯犬的繁衍。1901 年，第一只马利诺斯犬被登记注册。

头部轮廓分明、坚实，大小与身体成正比

尾根结实，尾尖达肘关节

前腿直、强壮，两前腿彼此之间相互平行

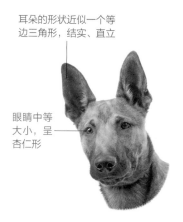

耳朵的形状近似一个等边三角形，结实、直立

眼睛中等大小，呈杏仁形

寿命：11~13 年 | 成犬身高：56~66 厘米 | 成犬体重：20~29 千克 | 主要用途：牧羊犬、警犬

佛兰德斯畜牧犬

又称比利时牧牛犬 / 机敏、坚决、勇敢

佛兰德斯畜牧犬的身体结构紧凑，给人沉稳强壮的感觉，被毛稍显粗糙，粗糙的双层被毛可以帮助它适应各种恶劣的气候条件，完成艰苦的任务。佛兰德斯畜牧犬的动作敏捷，力量和耐力也非常好，具有忠诚和护卫的天性，是非常优秀的工作犬。佛兰德斯畜牧犬个性勇敢，特别有活力，可以接受适度训练。佛兰德斯畜牧犬可和儿童友好相处，适合有孩子的家庭饲养。佛兰德斯畜牧犬喜欢在宽敞的环境生活，适合住在大的院子里或者农村、郊区。

饲养指南：佛兰德斯畜牧犬每天都需要用新鲜的肉类，与蔬菜、饼干等素料调拌均匀后喂食，但注意肉类不宜喂食太多。佛兰德斯畜牧犬需要充足的运动量，每天可散步 2~3 次，也可进行跑步锻炼。当春季天气渐暖后，还需加大运动量。

产地血统：佛兰德斯畜牧犬原产地在比利时。佛兰德斯畜牧犬的祖先来源已不可考。

历史起源：佛兰德斯畜牧犬起源于 17 世纪。19 世纪，佛兰德平原上已经有这种犬类存在了。1922 年，佛兰德斯畜牧犬俱乐部在比利时成立。1965 年，有三种类型的佛兰德斯畜牧犬被保存下来，并且合并成一个标准系。

两耳间距离宽阔，前端的凹槽隐约可见

颈部结实，肌肉发达，向肩部方向逐渐放宽

前腿宽大而有力

背部短、宽，肌肉发达，背线水平

鼻子大、呈黑色，鼻孔开阔

头部平坦，宽度略小于长度

眼睛呈卵形，颜色为深褐色，眼睑颜色为黑色

前脚和后脚都呈圆形，脚趾紧凑、呈圆拱状

趾甲为黑色、结实，脚垫厚实坚硬

| 寿命：12~14 年 | 成犬身高：58~69 厘米 | 成犬体重：27~40 千克 | 主要用途：牧牛犬、警卫犬、守护犬 |

西藏獒犬

又称藏獒、獒犬、番狗、龙狗 / 威严、忠诚、自主

西藏獒犬身材高大、外形威猛，身体结构结实匀称，拥有高贵的王者气质，是举世公认的古老且稀有的大型犬种。西藏獒犬凶猛异常，性格刚毅，具有忠心护主的天性，具有攻击性，常人绝不敢靠近。它也是世界上唯一不怕猛兽的犬种。西藏獒犬充满领地意识，容易调教，记忆力特别好，对孩子很有耐心。西藏獒犬的价格比其他狗狗要高出很多，日常饲养它的开销也很大，适合有一定经济条件的人饲养。西藏獒犬体形较大，也需要经常运动，不适合居住在狭小的空间里，适合住在郊区或者农村的有宽敞居住条件的人饲养。

耳朵较大，呈三角形，自然下垂，紧贴面部

脚大，对称，脚趾间有毛，类似猫科动物的爪

合嘴时上下如包裹状

饲养指南： 西藏獒犬可以食用玉米、大米、高粱、麦麸、三等面粉、红薯、土豆等，此外，每天还需喂食新鲜肉类及蔬菜。西藏獒犬的食量较大，主人可以适量多喂食。西藏獒犬在天气冷的时候反而喝水多，气温低时主人要注意饮用水的温度不要太低。西藏獒犬喜欢运动，因此一定要保证它有足够的运动量，尽可能让它在空旷的草地上追逐活动，这样可以促进它的骨骼发育。

背部挺直、宽阔，
肌肉发达

胸部下垂并
低于上肘部

前腿直而粗壮，直
立时轻度朝内倾斜

头面宽阔，头骨宽
大，枕骨、额明显

产地血统：西藏獒犬原产地在中国的青藏高原。有人认为西藏獒
犬是世界上尤其是欧洲许多大型獒犬的祖先。

历史起源：西藏獒犬起源于 10 世纪。1859 年，英国举行了西藏
獒犬的狗展。1873 年，这种狗狗被正式命名为西藏獒犬。1874
年，爱德华七世带两只西藏獒犬进入英国，1875 年 12 月，在
英国宫廷狗展中展示了这两只西藏獒犬。1982 年，英国养犬俱
乐部正式确认饲养西藏獒犬的准则。2004 年 10 月，西藏獒犬
的标准制定完成，2005 年 1 月 1 日开始生效。

被毛厚、密而长，
冬季比夏季更浓密

眼睛中等大小，呈
深浅不一的褐色

颈部粗大，肌肉
发达，极少赘肉，
呈弓形，覆盖直
立的鬃毛

尾部中长，自然
卷起，尾部被毛
较长、蓬松，卷
起时呈花状

寿命：10~15 年 | **成犬身高：超过 70 厘米** | **成犬体重：70~95 千克** | **主要用途：护卫犬、牧羊犬**

英国獒犬

又称牛獒、斗牛獒 / 亲切、敦厚、忠诚

英国獒犬身体强壮有力，可以作为护卫犬和家庭伴侣犬。其外凶悍可怕，但是性格却很善良，本身耐力很好且勇敢无畏，不怕面对比自己大的动物。英国獒犬可以适应寒冷或者炎热的气候环境，但是不适合城市生活。英国獒犬需要很大的活动空间，住在郊区或者农村比较好。它的日常饲养开销很大，适合有一定经济条件的人饲养。

饲养指南：英国獒犬每天都需要用煮熟、切碎的新鲜肉类，与等量的杂粮、蔬菜等素食加水调拌均匀后喂食。主人要定期为英国獒犬更换饲料品种。英国獒犬每天都需要充足的运动量和足够的生活空间。它的被毛不需要经常梳理。

背部肌肉发达，有力且直

身体坚挺，胸部厚且宽

足部坚硬，脚尖圆似猫足

产地血统：英国獒犬原产地在英国。有很多其他的品种，包括牛獒，对英国獒犬的育种做出了贡献，它身上具有西藏獒犬的血统。

历史起源：3000 年前，古埃及的绘画上有和獒犬相近的画像出现。公元前 55 年，凯撒侵略英国时曾使用獒犬进行战斗。17 世纪，有记录表明獒犬参加过战斗，进行过斗犬或斗熊，狩猎熊、狼等动物。19 世纪，斗狗禁止后，獒犬在英国的知名度逐渐降低。

眼睛呈黑色，被明显地阻隔开

尾巴根部粗，向尾尖逐渐变细

头盖骨大且方，眉头分明

前腿直且有力，两脚间隔大

覆盖着保护性的御寒绒毛

耳朵小且厚，在头的最顶部

| 寿命：9~11 年 | 成犬身高：最低 70 厘米 | 成犬体重：79~86 千克 | 主要用途：护卫犬、伴侣犬 |

斗牛獒犬

又称斗牛马士提夫犬 / 沉稳、忠实、快活

斗牛獒犬集勇气和凶猛于一身，主要职责是对付偷猎者，它力量大、速度快、嗅觉敏锐，能有效地追踪偷猎者。斗牛獒犬具有强烈的攻击性，时刻充满活力，个性沉稳、忠厚，但是需要很好的照顾，否则身体易变形。斗牛獒犬适合在军、警界饲养使用。斗牛獒犬适合居住在郊区，最好能为它提供足够的活动空间。住在郊区或者农村并有宽敞居住所的人适合饲养。

饲养指南：斗牛獒犬每天都需要用新鲜的肉类、杂粮、蔬菜等喂食。需要定期更换饲料品种，以确保摄入的营养全面均衡。斗牛獒犬每天都需要充足的运动量。主人还需要预防它患螨虫病，如果它得了螨虫病则要尽早治疗，因为越早治疗，效果越好。

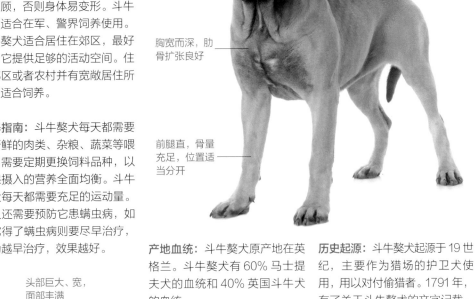

耳朵呈"∨"形，折向面部，位置高而宽

鼻子呈黑色，鼻孔大而宽

胸宽而深，肋骨扩张良好

前腿直，骨量充足，位置适当分开

头部巨大、宽，面部丰满

颈部略拱，中等长度，肌肉非常发达

脚中等大小，脚趾呈圆拱状

产地血统：斗牛獒犬原产地在英格兰。斗牛獒犬有 60% 马士提夫犬的血统和 40% 英国斗牛犬的血统。

眼睛颜色深，中等大小

被毛短而浓密，能适应各种气候

尾根生长位置高，根部粗壮

历史起源：斗牛獒犬起源于 19 世纪，主要作为猎场的护卫犬使用，用以对付偷猎者。1791 年，有了关于斗牛獒犬的文字记载。1871 年，有记录显示斗牛獒犬和狮子进行过争斗。1942 年，斗牛獒犬被认可，人们开始饲养纯种的斗牛獒犬。

寿命：9~11 年	成犬身高：64~69 厘米	成犬体重：41~59 千克	主要用途：护卫犬、伴侣犬

罗特韦尔犬

又称罗威纳犬、洛威拿 / 聪明、沉稳、忠诚

罗特韦尔犬身强体壮，行动迅速，很有气势，头脑聪明，容易接近。它不仅是优秀的警犬，也是很受欢迎的家庭犬。它喜欢经常跟家人待在一起，所以罗特韦尔犬会紧随主人的脚步。需要在幼犬时就严格调教它，否则它成年后很难控制。它具有强烈的领地意识，被激怒的时候具有很强的攻击性。罗特韦尔犬适合警界饲养使用，也适合有空闲时间且可以陪伴它、照顾它的人饲养。

饲养指南： 罗特韦尔犬能食用切碎的圆白菜、菠菜、胡萝卜、土豆或其他不用煮熟的蔬菜，但如果不将蔬菜切碎，它就很难吸收。罗特韦尔犬的被毛需要经常梳理，只有这样，它的毛发才会看起来光滑漂亮。

产地血统： 罗特韦尔犬的原产地在德国。罗特韦尔犬含有罗马大型獒犬和德国土著牧羊犬的血统。

历史起源： 罗马军队携带的大型獒犬留在了欧洲南部，中世纪时，德国的养犬者把这种大型獒犬和土著牧羊犬配种培育成了罗特韦尔犬，用于警戒或看管、驱赶家畜。19世纪初，德国将家畜改用铁路进行运送，不使用狗狗进行驱赶，罗特韦尔犬声望下降。1930年，罗特韦尔犬传入英国和美国。1931年，美国养犬俱乐部注册承认了罗特韦尔犬。

眼睛呈杏核状，大小中等，呈古铜色

被毛较短、笔直，上层毛粗而下层毛细

脚坚挺，脚趾坚硬，趾甲短且黑，脚尖隆起

背部直，腰部倾斜

臀部宽，中等长度，略倾斜

胸部宽阔且深，延伸到肘部

前腿直，肌肉发达

头部长度中等，头盖骨宽

鼻子十分发达，呈黑色

寿命：9~11年 | 成犬身高：58~69厘米 | 成犬体重：38~59千克 | 主要用途：护卫犬、伴侣犬

波尔多犬

又称法国獒犬、波尔多牛头犬 / 坚决、忠贞、勇敢

波尔多犬是优秀的护卫犬，警惕性非常高，勇气十足，但不存在过分的攻击性。它也是很好的伴侣犬，对主人顺从并忠诚。它的外表让人有些畏惧，但其实对家人很温和，能够善待孩子。波尔多犬睡觉会打呼噜和流口水，非常有趣。波尔多犬有潜在的侵略性，不适合没有养狗经验的人饲养。波尔多犬的个头大，活动空间大，不适合城市家庭饲养。适合住在郊区或者农村并有宽敞住所的人饲养。

饲养指南： 波尔多犬每天都需要食用新鲜的肉类以及杂粮、蔬菜等。还需要定期更换饲料品种，以确保波尔多犬摄入的营养全面均衡。对于波尔多犬的喂养，需要定时、定点、定量，保持生活规律，有利于它的身体健康。波尔多犬需要充足的运动量，每天应至少带它出去散步2次。

产地血统： 波尔多犬原产地在法国的波尔多。波尔多犬是法国最古老的犬种之一，艾伦犬也许是它的祖先。波尔多犬是由法国的大狩猎犬和英国獒犬、西班牙的同类犬杂交产生的。

历史起源： 波尔多犬起源于4世纪。1960年，推出了波尔多犬培育计划，它们的数量得以恢复。1989年，波尔多犬和汤姆·汉克斯出现在电影《福星与福将》中。

头顶略呈球状，突起

胸部强壮有力，底线过肘部

两后腿彼此平行，垂直于地面

脚部强壮，脚趾紧凑，脚垫发达、柔软

鼻子宽，鼻孔大，颜色与面部颜色相同

后腿稍微长于前腿

寿命：9~11年 | 成犬身高：58~69厘米 | 成犬体重：36~45千克 | 主要用途：护卫犬、伴侣犬

大白熊犬

又称大比利牛斯山地犬 / 聪明、自信、独立

大白熊犬身体健壮，整体协调，是一种漂亮和聪明的犬，它自信、温和、友善、忠诚、有耐心，是力量型的犬种，必要时会勇敢地保护其领地、羊群或家庭，很受人们的喜欢。大白熊犬拥有高贵优雅的气质，温和聪明，工作尽职尽责，对家人有很好的保护意识，对陌生人具有警惕性。大白熊犬需要比较大的生活和运动空间，不适合在城市生活。适合住在郊区或者农村并有宽敞住所的人饲养。

饲养指南：大白熊犬的幼犬在出生后的 6 周左右就要断奶，然后就可以吃普通食物了。1~6个月内，每天应喂食 3~4 次。在大白熊犬生长旺盛时期，主人应当多给它补充一些蛋白类食物。大白熊犬每天都需要充足的运动量，需要较大的生活和活动空间。大白熊犬的被毛需要每天梳理，经常梳理毛发还可代替洗澡。

产地血统：大白熊犬起源于中亚或西伯利亚地区。大白熊犬是由獒犬和当地原有的土著犬进行交配产生的。

历史起源：大白熊犬起源于公元前 1000 年左右，它的历史可追溯到古罗马时期，是由古罗马人带到西班牙的。15 世纪，大白熊犬做过警卫犬。1930 年，大白熊犬被引入美国。1933年，大白熊犬被美国养犬俱乐部承认。

鼻子和嘴唇呈黑色

被毛是白色或以白色为主

头部不显得过于沉重，外观呈楔形，顶部略圆

后腿直，且两后腿相互平行，后腿的脚尖略向外翻

前脚呈圆形、紧凑

眼睛中等大小，呈杏仁形，略倾斜

耳朵呈"V"形，尖端略圆

胸部宽度适中，胸深达到肘部

脚垫厚实，脚趾呈圆拱状

| 寿命: 12~16 年 | 成犬身高: 65~81 厘米 | 成犬体重: 45~60 千克 | 主要用途: 护卫犬、工作犬 |

库瓦兹犬

又称库瓦茨犬 / 聪明、果断、勇敢

　　库瓦兹犬的外貌与大白熊犬相似，拥有白色的被毛。它生性敏感，很在意批评和夸赞，具有自我牺牲的精神，忠实、温和、有耐心，情绪化不明显。具有很强烈的保护欲望，会主动保护小孩子。一般对陌生人比较礼貌，对待新朋友则非常谨慎。库瓦兹犬需要充足的运动量和活动空间，适合住在郊区或者农村并有宽敞住所的人饲养。库瓦兹犬需要进行一定的训练，具有丰富养狗经验的人比较适合饲养它。

饲养指南： 库瓦兹犬每天都需要食用新鲜的肉类以及杂粮、蔬菜等。主人还需要定期为库瓦兹犬更换饲料品种，以确保其摄入的营养全面均衡。库瓦兹犬要食用少油少盐的狗粮，吃太多盐可导致它患上心脑血管疾病。库瓦兹犬毛发比较长，主人要定期帮它洗澡，保持它的身体清洁。

鼻子大、黑色，鼻孔朝天

双层被毛，内层毛柔软，外层毛具有保护作用

头部的宽度是长度的一半

眼睛呈杏仁形，两眼距离较大，眼睛稍倾斜

耳朵呈"V"形，尖部稍圆

胸部深，肋部伸展至肘部，胸骨与地平行

前腿骨骼较发达、直，肌肉丰满

脚趾之间有少量被毛，毛越少越好

产地血统： 库瓦兹犬原产地在匈牙利。相传它源于中国西藏，后来传到匈牙利，在匈牙利发展成现今的库瓦兹犬。德国人范·斯坦芬尼兹认为库瓦兹犬和匈牙利牧羊犬有血缘关系，它是匈牙利牧羊犬和匈牙利本土犬杂交产生的。库瓦兹犬的毛色和外形与马雷马牧羊犬很像，二者可能拥有共同的祖先。

历史起源： 库瓦兹犬起源于13世纪。据说，匈牙利国王马塞厄斯一世就养了一只库瓦兹犬。

尾巴下垂，长达跗关节

寿命：12~14 年 | 成犬身高：72~77 厘米 | 成犬体重：46~52 千克 | 主要用途：护卫犬、工作犬

拿波里獒犬

又称纽波利顿獒犬、那不勒斯獒犬 | 忠实、温驯、温和

拿波里獒犬体型雄壮，脸部皮肤有很多的皱褶，垂肉由头部延伸到颈部，看起来像有多层皮肤。其领地意识十分强烈，对主人忠诚，对工作认真，很适合当看门犬，是可信的工作伙伴。拿波里獒犬的外表虽然吓人，但是个性是温顺的，很稳重。拿波里獒犬不适合养在城市，适合住在郊区或者农村并有宽敞住所的人饲养。拿波里獒犬需要足够的运动量，适合有时间并且爱运动的人饲养。拿波里獒犬最好由有经验的养犬者饲养。

饲养指南：拿波里獒犬每天的食物中，应包含肉、粮食、蔬菜和汤水等，可以将这几种食物切碎混合在一起喂食。拿波里獒犬的食量很大，主人每天最少喂食它两顿。拿波里獒犬喜欢广阔的活动空间和新鲜的空气，在饲养过程中，还要保证它有足够的活动量和充足的活动时间。

产地血统：拿波里獒犬原产地在意大利。拿波里獒犬有古罗马时代的斗犬马鲁索斯犬的血统。

历史起源：拿波里獒犬起源于公元前100年，是很古老的品种，是专门培育用来做斗犬的。1946年，画家皮洛·斯堪查尼开始采取措施以拯救拿波里獒犬，他成立了养犬俱乐部。1949年，开始进行拿波里獒犬的纯种饲养。

耳朵在头上呈矮矮的三角形

被毛比较粗硬顺滑

脚呈椭圆形，有紧凑、弯曲的脚趾

深陷的圆形头，头骨宽而平

眼睛深陷在多皱褶的面部中

前脚比后脚稍大

被毛有黑色、蓝色、灰色、红褐色

体形高大、壮硕，威严十足，力大无比

尾巴根较粗

寿命：9~11年 | 成犬身高：65~75厘米 | 成犬体重：50~68千克 | 主要用途：护卫犬、工作犬

拳师犬

聪明、温顺、忠诚

拳师犬的祖先是獒犬，它体格健壮，好斗，天性活泼，精力充沛，责任感强。其服从性好，是很好的伴侣犬，喜欢与家人嬉闹，对孩子很关爱且具有耐心，对陌生人保持谨慎态度，面对威胁毫不畏惧，对友好的表示反应很温和。拳师犬可以作为警犬、护卫犬、导盲犬使用，适合军警和盲人饲养。拳师犬热爱家庭生活，适合家庭饲养。它每天都需要运动和梳理毛发，适合乐于运动、细心、有耐心、有时间陪伴它的人饲养。

饲养指南： 拳师犬的幼犬在 6 个月以前，营养、热量需求较高，因此，一定要保证一天三餐供应充足。拳师犬的饲料中不能含有盐、辣椒、洋葱、牛奶以及家禽的骨头等，这些食物会危害它的身体健康。拳师犬有时会出现眼屎将眼部被毛粘连的情况，洗澡时应先将其眼部被毛打湿，待眼

剪耳长，逐渐向耳尖变尖

颈部圆、长，肌肉丰满，呈拱形

被毛短、有光泽、光滑，紧贴身体

尾根位置高，断尾，向上翘

后腿大腿宽，肌肉发达

屎软化后，再用密梳梳通其眼部的被毛。拳师犬的主人需要经常训练它，让它有足够的运动量，还要每天梳理它的毛发。拳师犬容易患上风湿病，被雨淋湿后要及时擦干，防止其生病。

脚紧凑，趾尖呈拱形

产地血统： 拳师犬原产地在德国。拳师犬的祖先是獒犬种，它有中国西藏高原一种古老斗犬的血统。拳师犬和斗牛犬有血缘关系，它们都有莫洛苏斯犬的血统。

历史起源： 拳师犬起源于 19 世纪。至 19 世纪中叶，拳师犬一直被用来做斗犬。1904 年，美国养犬俱乐部首次登记了拳师犬。1915 年，举行了首次拳师犬锦标赛。1930 年，拳师犬出现在英国。第二次世界大战后，拳师犬受到美国人和英国人的喜爱。

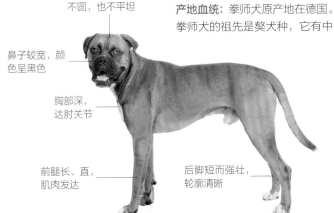

颅骨顶部略呈拱形、不圆，也不平坦

鼻子较宽，颜色呈黑色

胸部深，达肘关节

前腿长、直，肌肉发达

后脚短而强壮，轮廓清晰

寿命：12 年左右 ┃ 成犬身高：53.3~63.5 厘米 ┃ 成犬体重：25~32 千克 ┃ 主要用途：工作犬、护卫犬、伴侣犬

阿拉斯加雪橇犬

又称阿拉斯加马拉穆 / 憨厚、稳重、忠诚

头部宽且深，不显得粗糙或笨拙

黑色的鼻子

胸部厚实，肌肉丰富

脚趾和脚垫间有丰富的被毛，脚垫紧凑、厚实

四肢有力，骨架粗壮，肌肉结实，身体匀称

阿拉斯加雪橇犬四肢强壮，耐力很强，主要用于在极地拖拽雪橇和货物。对主人非常忠诚，聪明且充满感情。阿拉斯加雪橇犬具有一定的攻击性，需要对它进行严格的管理和训练。它性格顽强，方向感很好，嗅觉灵敏，阿拉斯加雪橇犬不耐热，可在极地工作。它适合居住在北方寒冷地区的人饲养。它的体形大，需要足够的活动空间和充足的运动量，适合住在郊区或者农村并有宽敞住所的人饲养。另外，比较适合有空闲时间且乐于陪伴它运动的人饲养。

饲养指南：阿拉斯加雪橇犬不可一次喂食太多，并且要保证有规律地喂食，否则容易造成其胃扭转和胃出血，不利于其身体健康。阿拉斯加雪橇犬的肠胃不好，不能给它食用过于油腻的东西。主人还要注意给阿拉斯加雪橇犬准备充足的清洁饮用水。阿拉斯加雪橇犬的运动量较大，主人可每天带它出去跑步。阿拉斯加雪橇犬的被毛浓密，湿气不容易散出，容易患湿疹等皮肤病，因此，不能在太潮湿的环境中生存。阿拉斯加雪橇犬不耐热，需要有一个凉爽的生活环境。

产地血统：阿拉斯加雪橇犬原产地在美国的阿拉斯加，是由东亚狼驯化而来的。

历史起源：在北美移民的记录上，发现有记载阿拉斯加雪橇犬的文字。20世纪初期，由于外界其他犬种的输入，很多本土的阿拉斯加雪橇犬都进行过杂交，纯种的阿拉斯加雪橇犬几乎消失了。1926年，美国的雪橇犬爱好者开始选育纯种的阿拉斯加雪橇犬。1935年，美国养犬俱乐部正式确认阿拉斯加雪橇犬。1994年，美国养犬俱乐部通过了阿拉斯加雪橇犬的繁育标准。1996年，世界犬业联盟认可了该标准。

眼睛为褐色，杏仁形，中等大小

耳朵呈三角形，耳尖稍圆

上下颚宽大，牙齿巨大

毛色为烟灰色、黑色、紫貂色、红色、沙色等颜色的组合

内层为丰厚的绒毛，外层为质地较硬的针状毛

尾巴上长着软毛，呈镰刀形曲线状翻卷在背后

| 寿命：11~12年 | 成犬身高：58.4~63.5厘米 | 成犬体重：34~39千克 | 主要用途：雪橇犬 |

爱斯基摩犬

又称爱斯基摩狗 / 警惕、友善、刚强

爱斯基摩犬能够抵御寒冷，在极冷之地也能出色地完成工作，它在冰上可以拖拽载有重物的雪橇，有时也被用来狩猎。它友善、警惕、聪明，是优秀的看门犬，可通过充满警告性的吠叫声来通告陌生人来访。它具有保护家庭和家人的责任感，但是不会有攻击人的危险行为。爱斯基摩犬适合家庭饲养，但需要足够的活动空间，适合住在郊区或者农村并有宽敞住所的人饲养。爱斯基摩犬喜欢运动，适合乐于运动的人饲养。

饲养指南： 夏季，由于气温较高，爱斯基摩犬易出现食欲减退的情况，这时要相应减少肉类的喂食，同时增加新鲜蔬菜和肉汤，除此之外，还可以改变饲料的种类。同时注意给它准备充足的清洁饮用水。爱斯基摩犬由于体热散发困难，在气温高、湿度大的环境中，非常容易中暑，因此，应避免让它在烈日下活动，并将犬舍设在阴凉处。如果天气炎热，还可经常为它洗冷水浴。

产地血统： 爱斯基摩犬原产地在美国北极陆地，祖先是德国的狐狸犬。

历史起源： 爱斯基摩犬起源于公元前 1000 年，一开始主要帮助人们做运输的工作。

耳朵呈三角形，耳尖稍圆

后腿宽，肌肉发达

头部宽且深，不显得粗糙或笨拙

胸部发达

脚垫厚实、坚韧，趾甲短而结实

当它不工作的时候，尾巴会翻卷在背后

寿命: 13~15 年 | 成犬身高: 51~68 厘米 | 成犬体重: 27.2~47.2 千克 | 主要用途: 雪橇犬、护卫犬

伯尔尼兹山地犬

又称伯恩山犬 / 自信、机警、温和

伯尔尼兹山地犬是瑞士具有古老血统的犬种，长毛，外表很漂亮，具有高贵的气质。它性格聪明、活泼，动作灵活、敏捷，可以在山区中拖拽货物或驱赶畜群。伯尔尼兹山地犬吃苦耐劳，可以在寒冷气候下良好生长。它的感情丰富，自信、忠诚，需要人类的陪伴，会避开陌生人。伯尔尼兹山地犬适合牧民饲养。它需要足够的运动量，适合乐于运动并且有足够空闲时间陪伴它的人饲养。

饲养指南： 伯尔尼兹山地犬每天需用煮熟、切碎的肉类 500 克左右，与等量的饼干或熟的干素料加适量水调和后喂食。伯尔尼兹山地犬每天都需要大量运动，因此，在城市饲养时，务必保证它能得到足够的运动机会。伯尔尼兹山地犬被毛浓密，主人要定期为它梳理毛发，定期洗澡，注意身体卫生。

产地血统： 伯尔尼兹山地犬原产地在瑞士的伯尔尼。入侵瑞士的罗马军团将警卫犬带到瑞士，这种警卫犬和瑞士本地的牧羊犬进行交配繁殖，产生了伯尔尼兹山地犬。

头顶平而宽，有轻微的皱纹

颈部结实，肌肉发达

历史起源： 伯尔尼兹山地犬起源于公元前 100 年，它是具有古老血统的犬种。1907 年，成立了伯尔尼兹山地犬俱乐部。1926 年，伯尔尼兹山地犬第一次被带到美国。1937 年，美国养犬俱乐部承认了伯尔尼兹山地犬。

耳朵中等大小，生长位置高，呈三角形

被毛浓密，中等长度，略显得光亮或整齐

眼睛为深棕色，略呈卵形

前腿直而结实

尾巴被毛浓密

寿命：9~12 年 | 成犬身高：58~70 厘米 | 成犬体重：40~44 千克 | 主要用途：工作犬

荷兰牧羊犬

又称尼德兰牧羊犬 / 聪明、顺从、警觉

荷兰牧羊犬有很强的领地意识，机灵敏捷，善于捕捉小动物，工作能力强。训练比较容易，能很快掌握新命令，可以耐受疲劳，抵抗恶劣天气。对主人及其家庭很有感情，非常忠诚、友好、爱游戏，精力充沛。与同类能友好相处，对其他宠物也很好。荷兰牧羊犬能适应寒冷的气候，适合在北方寒冷地区饲养。对于有丰富养狗经验的人来说，荷兰牧羊犬是很适合饲养的犬种。

饲养指南： 3 个月以内的幼犬可喂食稀饭、羊奶或豆浆等流食，并可适量加入煮熟、切碎的鱼、肉类以及青菜等。荷兰牧羊犬每天需要食用大量的肉食作为营养补充，主人还要为它准备充足的饮用水。荷兰牧羊犬不耐热，应保持周围环境的凉爽，还应定期梳理被毛。荷兰牧羊犬每天都需要有充足的运动量。

产地血统： 荷兰牧羊犬原产地在荷兰，有德国牧羊犬的血统。

历史起源： 荷兰牧羊犬起源于 18 世纪，原先被用作驱赶牲畜、守卫农场以及拉车。荷兰牧羊犬除了在荷兰以外，没有受到欧洲其他国家的关注，数量有限，每年大概只有 400 只被注册。

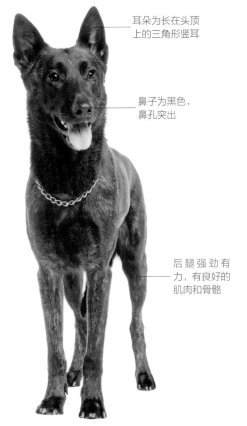

耳朵为长在头顶上的三角形竖耳

鼻子为黑色，鼻孔突出

后腿强劲有力，有良好的肌肉和骨骼

颈部不太短，没有赘肉

腰部肌肉发达，且长短适中

背部短，直而有力

尾尖略微卷起

口吻、背线都呈水平直线

胸部宽而深，腹部紧收

前腿肌肉发达，修长而平行

| 寿命: 12~14 年 | 成犬身高: 58~63 厘米 | 成犬体重: 30 千克左右 | 主要用途: 牧羊犬、伴侣犬 |

格罗安达犬

聪明、勇敢、机警

　　格罗安达犬喜欢保护羊群以及主人和主人的财产。在主人的命令下，它非常警惕、专注且敏捷。对陌生人时刻保持警惕且密切关注，但不恐慌。对熟悉的人或被主人接纳的人友善、友好。对它关注的事物热心，占有欲比较强。格罗安达犬不太适合在公寓生活，适合住在郊区或者农村并有宽敞住所的人饲养。格罗安达犬每天都要出去运动，适合有时间且乐于运动的人适合饲养。

饲养指南： 格罗安达犬每天都需要用煮熟、切块的新鲜肉类，与等量的杂粮、蔬菜等素食，加水调拌均匀后喂食。它需要大量的活动时间和广阔的活动空间，每天出去散步 2~3 次，每次至少 30 分钟。格罗安达犬的被毛丰厚，需要主人每天帮它梳理，还要定期为它清理牙垢，防止口臭。

产地血统： 格罗安达犬原产地在比利时。比利时牧羊犬包括格罗安达犬、拉坎诺斯犬以及马利诺斯犬，格罗安达犬是最被广泛承认的，它们都有统一的祖先。

历史起源： 格罗安达犬起源于 13 世纪。英国养犬俱乐部、美国养犬俱乐部都承认了格罗安达犬。

头顶略平坦，宽度与长度大致相等

背部从上方观察，显得短、宽而结实

外层被毛长、直且丰厚

眼睛褐色或深褐色，略呈杏仁形

臀部长度中等，逐渐向尾部倾斜

耳朵呈三角形，直立，大小与头部比例恰当

背线平直、稳固

大腿宽且肌肉非常发达

后腿略长，脚趾呈圆拱状，且非常紧凑，脚垫厚实

寿命：12~14 年 ｜ 成犬身高：56~66 厘米 ｜ 成犬体重：28 千克左右 ｜ 主要用途：牧羊犬

大瑞士山地犬

又称大型瑞士山地犬 / 勇敢、忠诚、机警

大瑞士山地犬身形大，是显眼的三色犬，被毛平顺，尾巴吊在身后。其力气大而且外观坚定，非常引人注目。它主要被用于放牧牲畜、守卫和拉车。在瑞士的四种猎犬中，大瑞士山地犬是历史最古老的一种。大瑞士山地犬个性勇敢、忠诚，反应敏捷，温顺、听话，容易训练。大瑞士山地犬对陌生人有戒备心，但对熟悉的人很友好，会保护主人和家庭。大瑞士山地犬需要足够的活动空间，适合居住在郊区或者农村并有宽敞住所的人饲养。大瑞士山地犬适合有丰富养狗经验的人饲养，爱运动的人也比较适合饲养它。

饲养指南：大瑞士山地犬在 7~8 岁时就开始进入老年期，为了预防老年病，饮食要尽量保持清淡，不可喂食甜食。大瑞士山地犬的正常体温为 38~39℃，兴奋时略有上升，若体温超过39℃则为不正常现象，需要及时就医。

产地血统：大瑞士山地犬原产地在瑞士。古罗马人将这种大型犬带到阿尔卑斯山，它含有大型斗牛獒犬的血统。

头部结实，吻部相对于颅骨较粗短

被毛外层毛较粗硬，光顺平滑

后腿粗壮结实

历史起源：大瑞士山地犬起源于 4 世纪，最初被用于守卫、放牧和拉车。1908 年，阿尔伯特·黑恩号召大家一起拯救大瑞士山地犬。1910 年，大瑞士山地犬被瑞士养犬俱乐部登记。1968 年，美国大瑞士山地犬俱乐部成立。1995 年 4 月 1 日，美国养犬俱乐部承认大瑞士山地犬。

眼睛为淡褐色至栗色的多种颜色

背部结实健壮，背线平直

胸部十分宽厚

前腿健壮、笔直

耳呈三角形，较小，下垂

鼻子黑色

尾始终下垂，不向上卷曲

脚中等大小，短而圆

寿命：10~11 年 | 成犬身高：60~70 厘米 | 成犬体重：59~61 千克 | 主要用途：工作犬

英国老式斗牛犬

大胆、友善、机警

英国老式斗牛犬身材雄壮，头部很大，呈方形，额头上生出许多皱褶，外观上看起来很凶悍。它是英国的国犬，不爱吵闹，是优秀的看门犬，个性亲切友善，喜欢小孩子，但对其他动物的反应却难以捉摸。英国老式斗牛犬性格大胆、机警，不容易训练，有一定的侵略性。英国老式斗牛犬适合城市生活，适宜家庭饲养。英国老式斗牛犬不需要过多运动，也不用经常梳理毛发，适合平时没有很多空闲时间的人饲养。

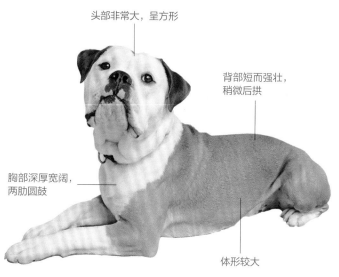

头部非常大，呈方形

背部短而强壮，稍微后拱

胸部深厚宽阔，两肋圆鼓

体形较大

饲养指南：英国老式斗牛犬的消化系统十分脆弱，因此，千万不要给它喂食任何含有大豆的食物，甚至吃压缩狗粮也会使它出现打嗝或呕吐现象。主人还要为它准备充足的饮用水。英国老式斗牛犬能适应炎热天气，但容易出现呼吸困难以及眼睛、皮肤和心脏的问题。英国老式斗牛犬需要一定的运动量，但是注意不能

其剧烈运动，避免心脏负荷过大。外出时，应禁止英国老式斗牛犬翻垃圾桶吃东西，避免其感染细菌，危害身体健康。另外，出门时要照顾好它们，避免跑丢。

产地血统：英国老式斗牛犬原产地在美国。英国老式斗牛犬是由现代英国斗牛犬和斗牛獒、美洲斗牛梗、美洲斗牛犬杂交产生的。

历史起源：英国老式斗牛犬起源于 20 世纪。12 世纪，英国开始流行公牛和犬搏斗的活动，人们专门培育出斗牛犬用于这种活动。后来，斗狗活动被禁止，斗牛犬这一品种也走入家庭。20世纪，美国育种家用牛头梗等犬种与斗牛犬杂交，最终培育出英国老式斗牛犬。

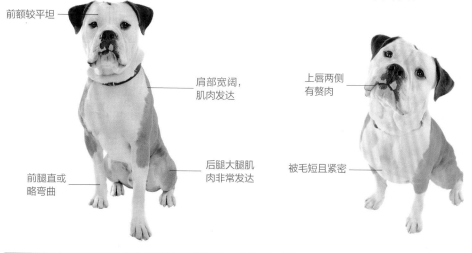

前额较平坦

肩部宽阔，肌肉发达

上唇两侧有赘肉

前腿直或略弯曲

后腿大腿肌肉非常发达

被毛短且紧密

寿命：12 年左右 ｜ 成犬身高：51~64 厘米 ｜ 成犬体重：29.5~48 千克 ｜ 主要用途：工作犬、伴侣犬

圣伯纳犬

又称圣伯纳德犬、圣伯纳阿尔卑斯山獒 / 温顺、善良、友爱

圣伯纳犬是名副其实的工作犬，它体形庞大，肌肉强壮，容易被训练，对主人很忠诚，曾从事艰巨的山难救援工作。圣伯纳犬虽然看起来很凶猛，但是其性格却很温顺，对人友善，喜欢和小孩子一起玩耍。它聪明机智，活泼好动，深受人们的喜爱。圣伯纳犬的适应力很强，有很强的领地意识，不会随便攻击人。圣伯纳犬适合有孩子的家庭饲养。它需要一个很大的生活空间，适合居住在郊区或者农村并有宽敞住所的人饲养。

饲养指南： 其饮食应该结合狗粮和煮熟的牛骨、猪骨，不要喂食生冷的食物和有刺激性的食物。每天的喂食时间最好固定。圣伯纳犬体形庞大，因此其活动空间应足够大。运动对圣伯纳犬非常重要，每天出去散步是必不可少的，这样才能使其身体功能和耐力得到提高。圣伯纳犬毛发浓密，主人需要每天给它梳理毛发。另外，还需要定期给它洗澡、清理耳朵、眼睛、牙齿、趾甲等

头部宽大，较圆

耳朵下垂，中等大小

体形庞大，属于巨型工作犬

前肢又长又直

地方，保持清洁卫生。

产地血统： 圣伯纳犬原产地在瑞士的阿尔卑斯山。圣伯纳犬是古罗马的马鲁索斯犬的后代，它们是出现最早的獒犬品种。1830年前，圣伯纳犬只有短毛的品种，之后，圣伯纳犬融入纽芬兰犬的血统，有了长毛的品种。

历史起源： 圣伯纳犬起源于11世纪。19世纪中叶，圣伯纳犬的数量越来越少，几乎绝种了。1810年，英国进口了一些圣伯纳犬和马士提夫犬进行杂交。1833年，作家丹尼尔·威尔逊将这种犬命名为圣伯纳犬。1884年，圣伯纳犬被封为瑞士的国犬。1980年，圣伯纳犬才被正式确定为现在这个名称。

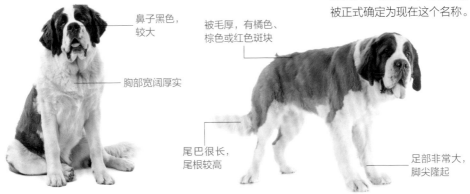

鼻子黑色，较大

胸部宽阔厚实

被毛厚，有橘色、棕色或红色斑块

尾巴很长，尾根较高

足部非常大，脚尖隆起

寿命：9~11年 | 成犬身高：65~71厘米 | 成犬体重：50~91千克 | 主要用途：工作犬

土佐犬

又称土佐斗犬 / 耐心、勇敢

　　土佐犬的个性十分安静，它在生气和与人发生冲突时也不爱吠叫，但是其护卫能力值得肯定。对家人和孩子很温顺，与到访的客人也能和睦相处。但其生性强悍、好斗，对其他犬具有猛烈的攻击性，不能与其他犬种友好相处。家中还有其他宠物的不适合饲养土佐犬。主人每天需要和狗狗在一起最少3小时，不适合比较忙碌的人饲养。土佐犬需要足够的空间活动，适合有宽敞住所的人饲养。

饲养指南： 土佐犬的食物应注意营养均衡，饲料中蛋白质、碳水化合物以及脂肪的比例应为5：4：1。此外，食物中还要加入一些维生素和矿物质等。土佐犬需要有足够的活动空间，以让其散步和奔跑。

头大，头顶平坦

颈部粗，皮肤松弛

尾巴根部生长位置高

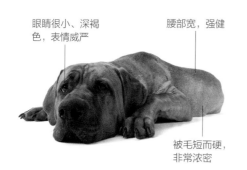

眼睛很小、深褐色，表情威严

腰部宽，强健

被毛短而硬，非常浓密

背平直

耳根位置靠后，耳朵悬垂

嘴宽阔，颚部肌肉发达，十分有力

前腿直，后腿宽厚结实

脚趾较粗大，脚垫厚、有弹性

产地血统： 土佐犬原产地在日本。用来培育土佐犬的分别有德国指示猎犬、马士提夫犬、英国斗牛梗、法国獒犬以及大丹犬。

历史起源： 土佐犬起源于19世纪。第二次世界大战期间，日本政府禁止饲养狗，土佐犬几乎绝种。战争结束后，日本重新开始培育土佐犬，直到1960年才结束培育。

| 寿命：10~12年 | 成犬身高：62~65厘米 | 成犬体重：60千克左右 | 主要用途：工作犬、斗犬 |

大丹犬

又称德国獒犬 / 聪明、勇敢、真诚

　　大丹犬在欧洲曾经是专供王室及贵族饲养的犬种，是身份和地位的象征。之前人们会用它拉东西或者狩猎，现在被当作宠物来饲养。大丹犬生性急躁，报复心很强，但是对主人忠心耿耿，接受训练后，可成为能力强且服从命令的警卫犬。大丹犬需要足够的空间，适合有宽敞住所的人饲养。大丹犬需要主人的陪伴，如果你很忙，没有时间照顾它，就不适合饲养它了。

饲养指南：大丹犬每天可进食 1500~2000 克生鸡肠。主人也可以自制犬粮，要定时、定量喂食，一般每天两餐。主人还需要不间断地为它提供清洁的饮用水。为了保持大丹犬的清洁，每天都要给它刷毛。要保证每天的运动量，夏季，早晚为运动时间；冬季，中午为运动时间。一般每天运动两次，每次 30 分钟即可。

产地血统：大丹犬原产地在丹麦，在德国发展。大丹犬有格雷伊犬及獒犬的血统。

历史起源：大约在公元前 3000 年，古埃及的纪念碑上出现类似大丹犬的图像。1891 年，德国大丹犬俱乐部使用了一套精确的标准衡量大丹犬。1885 年，英国成立大丹犬俱乐部。1889 年，美国的德国马士提夫犬或大丹犬俱乐部在芝加哥成立。1891 年，美国大丹犬俱乐部重新成立。

眼大小中等、凹入、颜色暗

毛色最流行的是金黄色、白色、黑色、花色

四肢直，骨骼平，后腿长且有力

头部较长

脚趾紧凑且隆起，爪呈暗色

背部平直，显得刚柔兼备

被毛短、密，富有光泽

寿命：很少超过 10 年　|　成犬身高：70 厘米以上　|　成犬体重：45 千克以上　|　主要用途：伴侣犬、狩猎犬

兰伯格犬

又称兰波格犬 / 聪明、友善、灵敏

兰伯格犬的体毛能防止水的渗透，脚趾间有蹼，天性爱水，擅长游泳，可以非常灵活自在地在水中活动，经过训练，还能成为优秀的水难救生犬。兰伯格犬非常高大，肌肉结实有力，气势威武雄壮，但是它非常亲切和善，喜欢和孩子玩，服从性强，很适合有小朋友的家庭饲养。

饲养指南： 兰伯格犬需每天食用新鲜肉类，并配备等量的麦片、无糖饼干等素食。主人要为兰伯格犬提供充足的新鲜饮用水。兰伯格犬睡觉时，一般将它关在犬舍或室内的指定地方。主人要训练兰伯格犬在固定的地方大小便，让其养成良好的习惯。要保证每天的运动量，经常带它去散步。

产地血统： 兰伯格犬的原产地在德国，是由圣伯纳犬、纽芬兰犬以及大白熊犬交配繁衍的。

眼神严肃且凶悍

耳朵宽圆而下垂

尾巴有长长的饰毛，并微微上扬呈旗状

历史起源： 兰伯格犬起源于19世纪。1840年，德国兰伯格市市长想培育出一种长得像该市市徽上的狮子一样的狗，便用圣伯纳犬等几种大型犬杂交培育出一种狗，这便是兰伯格犬。

头部与躯体相协调

鼻子黑色，嘴巴经常淌口水

颈部和脚有羽毛状饰毛

体毛粗糙、松散

趾间有蹼

寿命：7年左右 | 成犬身高：65~80厘米 | 成犬体重：40~60千克 | 主要用途：伴侣犬、护卫犬、水难救生犬

卷毛寻猎犬

又称卷毛寻回猎犬 / 敏感、友善、可爱、忠实

卷毛寻猎犬在猎犬品种中算是最古老的品种之一，其嗅觉和记忆力都相当惊人。它独立、冷静，任何情况下都不会羞怯，也不会自得其乐。卷毛寻猎犬在野外和在家里是完全相反的两种状态，在野外它热情、稳重、勇敢，在家里它平静、友善。这种犬外观优雅整洁，水性特别好，拥有一身快干的防水毛皮。卷毛寻猎犬是优秀的狩猎犬，适合猎人饲养。卷毛寻猎犬很容易被训练，也适合家庭饲养。

饲养指南：卷毛寻猎犬的食物温度需保持在40℃左右，不能过冷或过热，如果食物温度超过50℃，它可能会拒食。卷毛寻猎犬的食物最好现做现吃，不要隔夜，发霉变质的食物不能再给它吃。不要给它吃家禽的骨头、鱼骨等，这些东西容易卡在它的咽喉中造成危险。主人要为它提供干净充足的饮用水。夏季，卷毛寻猎犬可进行游泳训练，以促进它身体的匀称发展。

产地血统：卷毛寻猎犬原产地在英国。卷毛寻猎犬血统目前还不是很清楚，早期，拉布拉多猎犬对它有影响，它可能和西班牙水猎犬也有联系。

历史起源：卷毛寻猎犬起源于19世纪。1860年，卷毛寻猎犬在英国伯明翰展示会上进行了展示。1896年，英国成立了卷毛寻猎犬俱乐部。1907年，卷毛寻猎犬被介绍到美国。1924年，卷毛寻猎犬被美国养犬俱乐部登记注册。

头部长大于宽，呈楔子形状

颈部强健，微拱，中等长度

前腿挺直，肘部壮实

眼睛呈杏仁形，较大，但不突出

耳朵较小，位于眼角稍偏上，紧贴于头部

寿命：8~12年 | 成犬身高：64~69厘米 | 成犬体重：32~36千克 | 主要用途：狩猎犬

美国斗牛犬

勇敢、敏捷

美国斗牛犬的身形非常健美，头部呈方形，被毛富有光泽，短而密。它勇敢、机敏，在幼时就要对其进行社会化的训练，主要被用于放牧或者狩猎活动。现在一般被用作伴侣犬或看门犬。美国斗牛犬脾气凶狠，性格沉稳冷静，它对陌生人会很挑剔，可能会攻击人，但是对待家庭成员忠诚、温顺，对孩子有一定的亲切感。美国斗牛犬领地意识强，有可能会攻击其他动物。美国斗牛犬不适合家庭饲养。另外，它的饲养成本不低，适合有一定经济基础的人饲养。

耳朵生长位置较高，耳朵小

肩部宽阔，肌肉发达

躯体高大、丰满，肌肉发达

尾巴短粗，逐渐变尖

眼睛大，呈杏仁状

头颅呈方形

被毛短而浓密，富有光泽

后腿肌肉强健，结实有力

脚趾紧凑，上半部裂开，趾关节高

饲养指南： 尽量不要限制年龄不超过 6 个月的美国斗牛犬幼犬的食量，因为如果营养不够，会影响到它的形体发育。要为美国斗牛犬提供充足的干净饮用水。美国斗牛犬大都非常喜欢乘车旅行，因此，在它年幼时，可带它进行短途旅行。美国斗牛犬比较容易发胖，主人每天要带它出去运动。主人还要为它定期洗澡，每天梳理毛发，定期清理牙垢、耳垢，以及修剪趾甲。美国斗牛犬怕热，夏季容易出现中暑的情况，主人在夏天要为它做好降温的工作。

产地血统： 美国斗牛犬原产地在美国，其祖先是欧洲移民带到美国的牧羊犬。也有人认为美国斗牛犬是由原始英国斗牛犬或原始英国斗牛梗培育产生的。

历史起源： 美国斗牛犬起源于 19 世纪，最初是被当作畜牧犬和猎犬被培育出来的。

寿命：11~12 年 | 成犬身高：48~71 厘米 | 成犬体重：30~60 千克 | 主要用途：工作犬、伴侣犬

英国蹲猎犬

又称英国塞特犬、英国雪达 / 温和、忠诚、敏感、活泼

英国蹲猎犬的外表看起来非常端庄，性格也很温和，集家庭宠物和运动犬于一身，是孩子们的忠实伙伴。它美貌和温柔共存，可以养在室内和家人共同生活，也可养在室外。这种犬很容易训练，发现猎物时会就地坐下，反应迅速。英国蹲猎犬适合有孩子的家庭饲养。英国蹲猎犬要有足够的运动量，不适合城市的生活方式，适合居住在郊区或者农村并有宽敞住所的人饲养。

头部呈卵形，中等宽度，不粗糙

耳朵中等长度，末端略圆，耳郭略薄，覆盖着丝状被毛

脚前端笔直向前，脚趾紧凑、结实且圆拱，脚垫发达且坚固

眼睛呈深褐色，明亮

颈部长而优美，肌肉发达，且倾斜

被毛平坦，没有卷曲

前腿直，且两前腿相互平行

饲养指南： 英国蹲猎犬摄入的营养成分应比例均衡，包括适量的蛋白质、脂肪、糖类、多种维生素和矿物质等。英国蹲猎犬喜欢运动，需要足够的运动量。主人要适时做好卫生清洁工作，每周为其梳理毛发两次，它的耳朵则更要经常清洁。

产地血统： 英国蹲猎犬的原产地在英国，是起源于西班牙古老陆地的猎犬种。

历史起源： 英国蹲猎犬起源于19世纪。1859年1月28日，英国纽卡斯尔举行了英国蹲猎犬的展示。1874年，英国蹲猎犬变得流行，被出口到美国和加拿大。1986年11月11日，英国蹲猎犬的统一标准被制定。

寿命：10~12 年 | 成犬身高：61~69 厘米 | 成犬体重：25~39 千克 | 主要用途：枪猎犬、伴侣犬

顺毛寻猎犬

又称平毛寻回犬 / 敏感、可爱、自信、快乐、友好

顺毛寻猎犬具有敏锐、自信、聪明的特点，主人射击后，它会如利剑般冲出去，准确找回陆地上或水中的猎物。它非常渴望野外狩猎，具有很好的适应能力，不仅能够在丘陵地区狩猎，还能猎取水鸟。作为伴侣犬时，它聪明活泼、待人友善，警惕性也很好。顺毛寻猎犬适合家庭和野外狩猎者饲养。它需要足够的活动空间，适合居住在城市或郊区且居住环境宽敞的人饲养。顺毛寻猎犬每天都要运动，适合有时间、乐于运动且有养狗经验的人饲养。

眼睛中等大小，呈杏仁状，深褐色或榛色

耳朵相对较小，贴近头部，有厚厚的羽状饰毛

脚卵形或圆形。中等大小，脚趾圆拱而紧凑，脚垫厚实

前腿直而结实，骨量中等但质地很好

头顶相当平坦，面颊平坦、整洁

背线结实而水平

尾巴相当直，位置恰当

饲养指南： 顺毛寻猎犬忌食贝类、墨斗鱼、鱿鱼，花生等干果类，以及辣椒、芥末、葱、蒜等具有强烈刺激性的调味品。如果顺毛寻猎犬做了不应该做的事，可用水枪喷射它，这样就可以调教纠正。气候变化时，不要给它洗澡，湿度大的时候，更不适合洗澡。洗澡的时间最好是上午或者中午。顺毛寻猎犬运动量较大，主人最好每天都带它出去散步。

产地血统： 顺毛寻猎犬原产地在英国。它是由纽芬兰犬、拉布拉多犬及猎鹬犬等培育产生的。

历史起源： 顺毛寻猎犬起源于19世纪。1859年，英国首次举行了寻猎犬的犬展。顺毛寻猎犬是由一种寻回犬发展而来的，这种寻回犬由纽芬兰犬、牧羊犬、赛特犬、猎鹬犬等水犬杂交产生。19世纪中期，杂交产生了顺毛寻猎犬的祖先——卷毛寻猎犬。1900年，专家认为卷毛不利于防水，开始培育顺毛寻猎犬。1915年，美国养犬俱乐部承认了顺毛寻猎犬。20世纪40年代，它们几乎灭绝。到20世纪末的时候，它们终于迎来复兴。

| 寿命：12~14年 | 成犬身高：56~63厘米 | 成犬体重：25~35千克 | 主要用途：狩猎犬、寻回犬、伴侣犬 |

戈登蹲猎犬

又称哥顿雪达犬、戈登塞特猎犬 / 服从、忠诚、聪慧、无畏

戈登蹲猎犬的肌肉非常结实，体格强壮，与其他蹲猎犬不同的是其毛色为黑色和棕褐色。它属于经验丰富的猎犬，擅长找猎物，速度虽然不快，但是嗅觉和耐力都超强。该品种的幼犬成熟得比较缓慢，而且品质不一。戈登蹲猎犬容易被训练，也易与别的犬相处，还能适应寒冷的气候。戈登蹲猎犬不适合城市的生活方式，住在城市里的人不适合饲养它。戈登蹲猎犬需要充足的运动量，适合有足够空闲时间且乐于运动的人饲养。

饲养指南：戈登蹲猎犬的幼犬食用专用钙片以补钙。此外，每天还要喂食 1 粒鱼肝油以补充维生素 A 和维生素 D。喂食戈登蹲猎犬时，最好定时、定点、定量，养成良好的饮食习惯。主人需要为它提供充足干净的饮用水。戈登蹲猎犬喜欢运动，需要进行大量运动。主人要适时做好清洁卫生工作，每周为其梳理毛发两次，且耳朵也要经常清洁。

产地血统：戈登蹲猎犬原产地在英国，由寻血猎犬和柯利牧羊犬等品种杂交而成。

历史起源：戈登蹲猎犬起源于 17 世纪，可以追溯到 1620 年。戈登蹲猎犬是苏格兰的里士满公爵和戈登公爵一起培育的。

眼睛呈深褐色且明亮，既不突出也不深陷

后腿长、宽且肌肉发达，飞节到脚跟部短而结实

脚趾紧贴，且呈圆拱形，脚垫结实

头部深且宽，头骨略圆

腰部宽，略微拱起

颈部长，倾斜，呈拱形，无赘肉

尾巴直或略微弯曲呈弯刀状，尾根部厚，尾尖变细

前腿直，且骨骼强壮

寿命：12~13 年　|　成犬身高：62~66 厘米　|　成犬体重：25~30 千克　|　主要用途：枪猎犬、伴侣犬

指示猎犬

又称波音达犬 / 聪明、警惕、敏捷

指示猎犬的嗅觉十分灵敏，奔跑速度快、耐力久，动作敏捷，姿态优美，是猎手们最钟爱的犬种之一。指示猎犬的气质平静，但是警惕性很高，它既适合做家庭伴侣犬，也适合在野外进行狩猎活动。它不管是面对人或是犬都不会羞怯，可以为主人以外的人工作，一些演出中也经常会用到指示猎犬。指示猎犬适合猎手们饲养，它需要足够的运动量，适合有空闲时间且乐于陪它运动的人饲养。

饲养指南：指示猎犬忌食巧克力、杏仁、葡萄、姜、生豆角、洋葱，以及海鲜类、菌类、调料等食物，可以食用动物肝脏，但要适量。指示猎犬成长期所需的营养物质比成年犬高出 2 倍，喂养时应予以重视。在指示猎犬不同的年龄段，喂养的次数要有所改变，刚出生到 3 个月，每天应当喂食 4 次；5~8

个月，每天喂食 3 次。指示猎犬喜欢运动，只有保证它每天都有足够的运动量，才能让其健康成长。主人需要每天早晚给它各梳毛 1 次，这样可以避免其患上某些皮肤病。

产地血统：指示猎犬原产地在英国。为了加强早期指示猎犬的嗅觉能力，后来又加入了寻血猎犬、灵缇和英国猎狐犬的血统。

历史起源：指示猎犬起源于 17 世纪。1650 年，英格兰就已有关于指示猎犬的记录。

鼻孔非常发达且开阔

眼睛足够大，圆而热烈

背部强壮而结实，从臀部到肩胛略微上升

脚呈圆拱形，脚垫厚实且深

后腿肌肉发达且有力，能产生巨大的爆发力

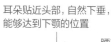

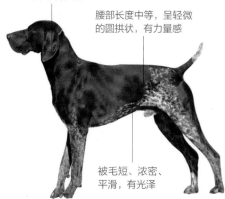

耳朵贴近头部，自然下垂，能够达到下颚的位置

腰部长度中等，呈轻微的圆拱状，有力量感

被毛短、浓密、平滑、有光泽

头部宽度中等，与口吻的长度大致一样

尾巴根部粗壮，尾尖端细而精致，长度不超过飞节

前腿直，骨骼呈卵形，关节不突出

寿命：12~14 年 ┃ 成犬身高：58~72 厘米 ┃ 成犬体重：20~34 千克 ┃ 主要用途：单猎犬

德国硬毛指示猎犬

又称魏玛犬、德国刚毛指示犬 / 聪明、坚定

德国硬毛指示猎犬是忠诚的伴侣犬，有时会躲避陌生人，但不会不友好。渴望取悦主人，且热衷于学习。它还可以抵御恶劣气候环境，进行野外作业，并且能承担多种不同的任务，在各种地形都能追捕猎物，是一种充满斗志的犬类。德国硬毛指示猎犬适合居住在城市，适合家庭饲养，适合有丰富养狗经验的人饲养。另外，主人最好喜爱打扫，细心，有耐心，有时间帮它做清洁，并乐于陪它运动。

饲养指南： 德国硬毛指示猎犬的饲料为新鲜的肉类、蔬菜，加等量的麦片、饼干等素料即可。主人还要为它准备适量的饮用水。德国硬毛指示猎犬精力充沛，力量大，每天都需要足够的运动量，否则很容易被激怒，甚至可能失控。主人要经常为它梳刷被毛，如果不常梳理，被毛上会粘上灰尘、污垢，影响美观，甚至患病。主人要定期为它洗澡，清除牙垢和耳垢，并用淡盐水洗眼睛。

产地血统： 德国硬毛指示猎犬原产地在德国。德国硬毛指示猎犬是由很多不同品种的犬杂交产生的，其中包括英国指示猎犬、波兰水犬、德国猎狐犬、德国指示猎犬、寻血猎犬、德国牧羊犬和格里芬犬等犬类。

历史起源： 德国硬毛指示猎犬起源于 18 世纪。

背部短、直，且结实

1870 年，德国硬毛指示猎犬首次在德国得到承认。1920 年，美国养犬俱乐部承认了德国硬毛指示猎犬。1953 年，美国的德国硬毛指示猎犬俱乐部成立。

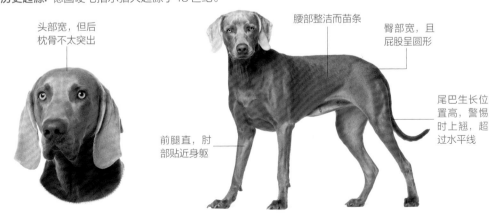

头部宽，但后枕骨不太突出

腰部整洁而苗条

臀部宽，且屁股呈圆形

前腿直，肘部贴近身躯

尾巴生长位置高，警惕时上翘，超过水平线

寿命：12~14 年 | 成犬身高：56~67 厘米 | 成犬体重：27~32 千克 | 主要用途：狩猎犬

荷兰猎鸟犬

又称荷兰山鹬猎犬 / 服从、和顺、忠诚、聪明

荷兰猎鸟犬属于休闲狩猎犬，常常被用来猎取野鸡、野兔和山鹬。它会在猎枪射程范围内搜寻并指示猎物，当发现猎物时会聪明地保持适当距离，并将尾巴绕圈甩动，以向猎人发出指示，等待猎人靠近。它还可以在水中狩猎。荷兰猎鸟犬需要足够的活动空间，适合居住在城市或郊区且居住环境宽敞的人饲养。荷兰猎鸟犬每天都要运动，适合有时间、乐于运动且有养狗经验的人饲养。荷兰猎鸟犬适合有狩猎需求的人、野外工作者饲养。

饲养指南： 荷兰猎鸟犬的生长速度很快，需要在其饮食中添加一些钙来维持生长所需。主人需要为荷兰猎鸟犬提供充足的饮用水。注意不能给荷兰猎鸟犬喂食巧克力、洋葱、大葱、生肉、牛奶等食物，这些食物会危害它的身体健康。必须保证荷兰猎鸟犬每天都有足够的运动量，否则会影响其健康成长。荷兰猎鸟犬的个性柔顺，训练它时，不能以粗暴的态度对待它。

颈部中等长度，十分有力

脚趾呈圆形，紧凑，微拱，并有结实的脚垫

被毛密集，紧紧覆盖身体

前腿直，肌肉发达

产地血统： 荷兰猎鸟犬的原产地在荷兰，这种犬可能与现今西班牙猎犬和蹲猎犬有着共同的祖先。
历史起源： 荷兰猎鸟犬起源于 17 世纪，在荷兰东部，尤其是德伦特省，这种犬依然保持着纯正的血统。

耳朵较轻，耳根稍高，紧贴脸颊下垂

寿命：10~12 年 | 成犬身高：56~64 厘米 | 成犬体重：23 千克左右 | 主要用途：单猎犬、寻回犬、搜寻犬

马士提夫犬

又称獒犬 / 勇敢、沉稳、和善、忠实

马士提夫犬身材高大，整体结构紧密、匀称，给人庄严而高贵的感觉。公犬整体显得魁梧，母犬结构更加紧实。马士提夫犬具有很强的攻击性，很有活力，同时具有沉稳、忠实的性格，能够承担起守卫和狩猎的职责。马士提夫犬食量较大，日常饲养的花费不少，有一定经济条件的人比较适合饲养它。马士提夫犬体形很大，不适合老年人饲养，比较适合热爱运动的年轻人饲养。

头部宽，两耳间稍微有点平，前额略弯

颈部有力，肌肉非常发达，略拱，中等长度

腰部宽，且肌肉发达

外层被毛直、粗硬，且长度略短，底毛被毛浓密、短、平贴身体

耳朵呈"V"形，尖端略圆。耳郭略薄，两耳位置分得非常开

背线直、水平，且坚实，没有凹陷或拱起

胸部宽、深，在前腿之间向下发展

两后腿距离分得较开，从后面观察，两后腿彼此平行

眼睛位置分得较开，中等大小

尾根宽，尾末端尖细，休息时垂直悬挂，运动时略向上卷曲

脚大，呈圆形且紧凑，脚趾呈圆拱形

饲养指南： 马士提夫犬的食量较大，每周需要吃超过 45 千克的肉以及其他食品，且还需饮用大量羊奶。喂养马士提夫犬时，要定时、定点、定量，以养成其良好的饮食习惯。马士提夫犬的幼犬在出生 2 个月后，是最容易生病的，因为这时它体内来自母体的抗体消失，易受各种病毒或细菌的侵害。因此，需要为它及时接种犬瘟热、犬细小病毒和传染性肝炎等的疫苗。

产地血统： 马士提夫犬原产地在英国，是獒犬的一类。

历史起源： 马士提夫犬是一种很古老的犬种。公元前 3000 年的古埃及绘画上就出现了近似马士提夫犬的犬类画像。马士提夫犬的祖先可能是被波斯商人带到英国的。

寿命：10~16 年 | 成犬身高：70~80 厘米 | 成犬体重：68~100 千克 | 主要用途：护卫犬、狩猎犬

爱尔兰红白蹲猎犬

又称爱尔兰红白雪达犬 / 活泼、深情、敏捷

爱尔兰红白蹲猎犬曾经是优秀的野外工作犬，其嗅觉非常灵敏，可以适应各种气候和各种地形，并能出色地完成狩猎工作。它们对生活充满热情，这使得它们在幼年时比其他安静的犬种更易受伤。爱尔兰红白蹲猎犬个性温顺、活泼，很容易激动，需要接受严格的训练，容易和别的犬相处。爱尔兰红白蹲猎犬适合居住在郊区且居住环境宽敞的人饲养，还适合有丰富养狗经验的人饲养。

强健的颈部，略呈弧形

纹理细致的被毛以纯白色为底色，上有红色斑块

背部肌肉发达

头盖骨呈圆顶形、宽阔，枕骨突出

耳朵长，下垂

尾巴长满饰毛，生长位置与背平齐或低于背部

眼睛呈杏核形，琥珀色

饲养指南： 爱尔兰红白蹲猎犬每天需用煮熟、切碎的新鲜肉类及蔬菜，加少量水与等量的麦片、饼干等熟干素料调和喂食。给爱尔兰红白蹲猎犬喂食时，要定时、定点、定量，以养成其良好的饮食习惯。主人还需要为它准备充足的饮用水。需保证爱尔兰红白蹲猎犬每天都有足够的运动量，且为了保持它的狩猎技能，还需对它进行严格的训练。

产地血统： 爱尔兰红白蹲猎犬原产地在爱尔兰。爱尔兰红白蹲猎犬和爱尔兰蹲猎犬有相同的祖先。

历史起源： 爱尔兰红白蹲猎犬起源于 18 世纪，最初叫花蹲猎犬，曾经濒临灭绝，近年来才开始恢复培育。

| 寿命：11~15 年 | 成犬身高：59~69 厘米 | 成犬体重：27~32 千克 | 主要用途：单猎犬、伴侣犬 |

奥弗涅指示犬

又称奥弗涅向导猎犬 / 活泼、敏感、忠诚

奥弗涅指示犬有夺目的毛色和斑纹，其最与众不同的特征是黑色的被毛将耳朵和眼睛周围覆盖，而身体的其余部分则是黑色和白色的被毛，进而产生蓝色的毛色，这是最著名的"炭画"毛色图形。其性格活泼，稍微有些敏感，对主人很忠诚，现在仍被用于狩猎。奥弗涅指示犬温顺友善，服从命令，也很聪明，容易训练。奥弗涅指示犬适合猎人和野外工作者饲养。它需要足够的活动空间，适合居住在郊区且居住环境宽敞的人饲养。奥弗涅指示犬还适合有丰富养狗经验的人饲养，也适合家庭饲养。

饲养指南： 奥弗涅指示犬每天需用煮熟、切碎的新鲜肉类及蔬菜，加少量水与等量的麦片、饼干等熟干素食调和喂食。主人还要为它准备适量的饮用水。喂养奥弗涅指示犬时，要定时、定点、定量，以养成其良好的饮食习惯。需保证奥弗涅指示犬每天都有足够的运动量，此外，为了保持它的狩猎技能，还需对其进行严格的训练。主人还要隔一段时间替它洗一次澡，定期为它清除牙垢和耳垢，用淡盐水洗眼睛。

产地血统： 奥弗涅指示犬原产地在法国，加斯科涅群猎犬是它的主要祖先之一，从它的身上看不出有外来犬的血统。

历史起源： 奥弗涅指示犬起源于19世纪，如今，这种犬仍主要被用于狩猎。

眼睛比较大，呈椭圆形，颜色为黑色

鼻子黑色，较宽，有光泽

前腿垂直于地面

后腿直且平行，大腿内侧肌肉发达

背部窄、平且短，肋骨不突出

前脚短且略微倾斜

头盖骨呈圆顶形，枕骨略微突起

| 寿命：12~14年 | 成犬身高：56~63厘米 | 成犬体重：22~28千克 | 主要用途：狩猎犬 |

匈牙利维兹拉犬

又称维兹拉犬 / 沉稳、理智、顺从

匈牙利维兹拉犬被毛是暗黄色的，给人高贵优雅的感觉，性格活泼、好动，肌肉发达，体力很好。它具有追踪猎物、指示地点、运回猎物等能力。这种犬沉稳并富有理智，对人顺从，充满活力，容易训练。匈牙利维兹拉犬服从性高，适合狩猎者和野外工作者饲养。匈牙利维兹拉犬可以和孩子及其他宠物很好地相处，适合家庭饲养。匈牙利维兹拉犬每天要有足够的运动量，适合有足够时间陪它运动的人饲养。

饲养指南： 匈牙利维兹拉犬的食物以动物蛋白和脂肪为主，以素食为辅。匈牙利维兹拉犬每天都需要充足的运动量，以保证它的健康成长。匈牙利维兹拉犬是短毛犬，毛发打理起来很容易，但是也会掉毛，主人需要定期帮它梳理被毛。匈牙利维兹拉犬容易出现髋骨关节问题，易得癫痫和皮肤过敏等疾病，主人需要随时关注，一旦发现有问题，要及时就医。

头部倾斜，且肌肉发达

鼻孔略微张开，鼻子呈褐色

被毛短，平顺，浓密，且平贴着

具猫形足，有厚脚垫，短且隆起的脚趾紧闭着

产地血统： 匈牙利维兹拉犬原产地在匈牙利，可能有土耳其黄狗、特兰锡瓦尼亚猎犬以及近代指示猎犬的血统。

历史起源： 匈牙利维兹拉犬起源于11世纪，是一个古老的品种。

据说匈牙利维兹拉犬的祖先是跟随马扎尔人入侵到达匈牙利的。第二次世界大战时，匈牙利维兹拉犬濒临灭绝。1940年，被带去澳大利亚的匈牙利维兹拉犬经过繁殖，数量逐渐恢复。

眼睛中等大小，周围围绕着薄薄的白色

耳朵薄、柔滑而长，耳郭末端圆

尾巴位于臀部水平线下，尾根部粗

四肢直，且肌肉发达

| 寿命：12~14年 | 成犬身高：57~64厘米 | 成犬体重：22~30千克 | 主要用途：枪猎犬、家庭犬 |

阿根廷犬

又称阿根廷獒犬 / 大胆、勇敢、忠诚

阿根廷犬属于猛犬类型，一般会被用来猎取大型的猛兽，如野猪、山狮和美洲豹等。这种犬杀伤力和攻击力都非常强，能长时间以很快的速度奔跑，之后仍有足够的力量来征服它的猎物。但是它对于自己的主人和家庭成员非常忠诚温顺，对待孩子也很友善，喜欢与孩子相处，有强烈的护卫本能。阿根廷犬不适合城市生活，不容易和别的犬相处，需要有丰富养犬经验的人饲养，如果已经有别的宠物，就不要饲养它了。

饲养指南： 阿根廷犬的食物中需要添加少量的钙粉或维生素A、维生素D，一天添加三次，并且注意要在食物冷却后添加。阿根廷犬每天需进行户外运动2~3次，且每次不少于30分钟。为了保持清洁卫生，还需每天为其用刷子刷毛1~2次，夏季还需经常给它洗澡。阿根廷犬可以适应炎热的天气，很难适应寒冷的气候，天气冷时，主人要注意给它保暖。

产地血统： 阿根廷犬原产地在阿根廷，有拳师犬的血统。

历史起源： 阿根廷犬起源于20世纪20年代，最早来自西班牙。20世纪20年代，为了培育出个性顺从的品种，安东尼·马丁内斯博士将早期阿根廷犬和拳师犬交配产生现在的品种。在南美洲，阿根廷犬有"白衣骑士"的美称。因为它是猛犬，杀伤力强，英国禁止饲养这种犬。

眼睛深色或淡褐色，呈杏核形，两眼间距大

被毛长度一致、短，触感平滑

后脚和前脚相似，但是后脚稍小稍宽

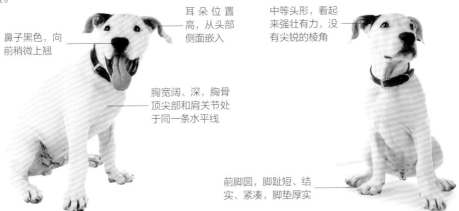

鼻子黑色，向前稍微上翘

耳朵位置高，从头部侧面嵌入

中等头形，看起来强壮有力，没有尖锐的棱角

胸宽阔、深，胸骨顶尖部和肩关节处于同一条水平线

前脚圆，脚趾短、结实、紧凑，脚垫厚实

寿命：10~12 年 ｜ 成犬身高：61~69 厘米 ｜ 成犬体重：36~45 千克 ｜ 主要用途：狩猎犬

猎狐犬

又称英国猎狐犬 / 活泼、开朗、温顺

猎狐犬适应群居生活，不以单只计算，都成双成对。猎狐犬性格开朗，又很温顺，时刻充满活力，但也具有强烈的反抗情绪，必须给予严格的训练。它精力旺盛，具有较强的破坏力，不易当作伴侣犬来饲养。饲养猎狐犬，家里最好没有儿童，也没有其他宠物。猎狐犬需要训练，每天运动，饲养者需要有足够的时间和精力。

饲养指南： 猎狐犬每天食用肉食不少于 200 克，还需要食用与肉类等量的饼干等其他干素料。猎狐犬的进食时间要控制在 15 分钟以内，要训练它养成良好的饮食习惯。猎狐犬需要定期洗澡，并每天用硬毛刷梳理毛发，耳朵内外、口鼻和下巴部的被毛也要照顾到，最好用清洁剂洗刷，这样可保持其全身被毛的清洁卫生。

产地血统： 猎狐犬原产地在英国。它可能是由法国猎犬和英国本地犬杂交产生的。

头部十分丰满，额突出，但不高也不尖

被毛坚硬，有光泽，中等长

脚垫发达，脚尖隆起，脚趾并紧，脚有力

耳朵位置低，并紧贴着面颊

历史起源： 猎狐犬的祖先是古代的圣·休伯特猎犬，1066 年，诺曼人入侵英国时，将它带入英国。猎狐犬主要用于狩猎活动，很少出现在犬展中。18 世纪后期，猎狐犬被引入美国。

背和腰肌肉都很发达，彼此之间连接流畅

尾跟位置高，呈刀形

胸部厚实，胸围很大，肌肉发达

前腿直，猫状圆形足

| 寿命：10~12 年 | 成犬身高：58~69 厘米 | 成犬体重：25~34 千克 | 主要用途：狩猎犬 |

西班牙灵缇

又称高哥西班牙犬 / 安静、警惕

西班牙灵缇作为猎犬，日常接受的主要训练就是提高奔跑速度。其外貌别具一格，鼻子稍长，体格结实。它们与主人的感情很深厚，与人亲近，但同时也会保持安静。它们对陌生人充满了警惕，有时会对让它们感觉有危险的人发动攻击。西班牙灵缇需要足够的活动空间，适合居住在郊区且居住环境宽敞的人饲养。西班牙灵缇适合具有丰富养狗经验的人饲养。它的运动量非常大，饲养者需要有充足的时间陪它运动。

饲养指南： 西班牙灵缇不挑食，但一定要保证其食物所含的营养均衡，尤其不能缺乏蛋白质和维生素，因此，每天都要为它提供新鲜的肉类、蔬菜。主人要为西班牙灵缇提供充足的饮用水。西班牙灵缇喜欢运动，主人要注意为它补充钙质，以促进其骨骼发育。西班牙灵缇需要足够的运动量，每天要保证40~60分钟的运动时间，成年犬每天的运动量约为跑步10千米。西班牙灵缇的被毛浓密，主人需要每天帮它梳理毛发。

产地血统： 西班牙灵缇原产地在西班牙，它的血统不是很清楚。

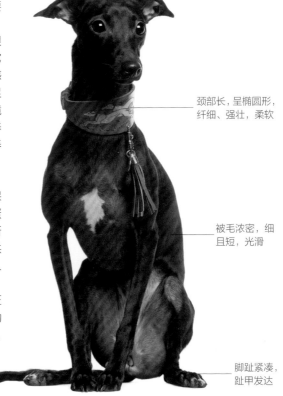

颈部长，呈椭圆形，纤细、强壮，柔软

被毛浓密，细且短，光滑

脚趾紧凑，趾甲发达

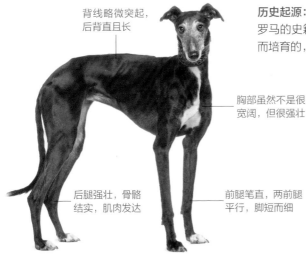

背线略微突起，后背直且长

胸部虽然不是很宽阔，但很强壮

后腿强壮，骨骼结实，肌肉发达

前腿笔直，两前腿平行，脚短而细

历史起源： 西班牙灵缇起源于公元前600年，古罗马的史籍中便有其相关记载，它最初是为竞速而培育的，如今仍是常见的竞速犬。

耳朵根部宽阔，呈三角形，位置高

寿命：9~15年 | 成犬身高：66~71厘米 | 成犬体重：27~36千克 | 主要用途：狩猎犬、伴侣犬

猎鹿犬

又称苏格兰猎鹿犬 / 安静、忠实、温顺

猎鹿犬体形强健，身体高且力量大，它的胆子很大，但有时又稍显羞怯和安静，忠实于主人，不好攻击，表情通常非常温顺，兴奋时观察力很敏锐。其粗糙的毛皮可以抵挡恶劣的天气，最早被用来猎鹿，当猎枪被广泛使用后，其数量迅速减少。猎鹿犬需要足够的活动空间，适合居住环境宽敞的人饲养。猎鹿犬适合老年人和有孤独感的人饲养。它需要一定的训练，适合具有丰富养狗经验的人饲养。

饲养指南：猎鹿犬每天需食用新鲜肉类及蔬菜，以及等量的饼干等干素料。主人要为猎鹿犬准备充足的饮用水。猎鹿犬如果情绪不稳，可先口头训斥，然后用水枪向它喷水，这样可以使它冷静下来。主人每隔3天要为猎鹿犬洗一次澡，应使用温水，水温不能过低。主人每天都要带它出去运动。

产地血统：猎鹿犬原产地在英国的苏格兰高地，它是一种野生犬。猎鹿犬很多是古老凯尔特灵缇的后代，血统纯正。猎鹿犬和爱尔兰猎狼犬很像，它在血统上受到了灵缇的影响。

历史起源：猎鹿犬起源于9世纪，最初是专门为了猎鹿而培育的。中世纪时，苏格兰酋长就用它来猎鹿。猎鹿犬曾经在苏格兰贵族中受到欢迎，成为苏格兰皇家的御用犬。

颈背非常突出，头部向前伸，喉咙线条清晰，角度明显

被毛浓厚，紧密粗糙，触摸的感觉粗硬、干涩

脚紧凑，脚趾位置合适

耳朵柔软、平滑，触摸的感觉像老鼠毛

前腿尽可能直

后躯下垂，宽而有力

寿命：12~13年 | 成犬身高：75~80厘米 | 成犬体重：34~50千克 | 主要用途：群猎犬、伴侣犬

灵缇

又称格力犬、灰狗 / 神经敏感、机警

灵缇的奔跑速度很快，是所有犬类中速度最快的犬。行走时步伐流畅，奔跑时速度仅次于猎豹。灵缇不具备看家护主的本领，不会攻击陌生人，也不常吠叫。它生性怕冷，喜欢卧在温暖舒适的地方，当发现猎物或者感兴趣的东西的时候，它会快速奔向目标，表现出令人吃惊的速度和灵活性。灵缇适合居住在城市公寓里的人饲养，适合没有儿童的家庭饲养。灵缇每天要进行充分的运动，不适合老年人饲养，比较适合有时间且可以陪它运动的年轻人饲养。

饲养指南： 灵缇不挑食，但要保证其食物所含的营养均衡，尤其不能缺乏蛋白质和维生素。灵缇喜欢运动，主人要注意为它补充钙质，以促进其骨骼发育。每天还要为灵缇准备充足的饮用水。灵缇每天需要 40~60 分钟的运动时间，成年犬每天需要运动约 10 千米。灵缇的犬舍要每天打扫，定期消毒，保持卫生。主人需要定期帮它梳理被毛，定期清理耳垢、牙垢以及眼屎，修剪趾甲，保持其身体清洁卫生，避免患病。

产地血统： 灵缇原产地在中东地区，是纯种犬。

历史起源： 灵缇起源于 5000 年前，它的历史可以追溯到古埃及时期，是一种很古老的犬类。

耳朵小，质地良好，耳朵低垂且合拢

颈部长，且肌肉发达，略呈弓形，到肩部逐渐加宽

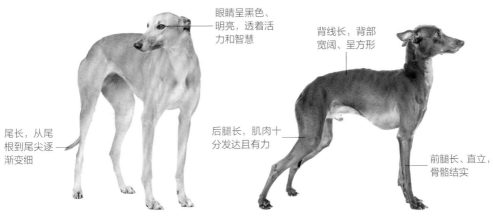

眼睛呈黑色、明亮，透着活力和智慧

背线长，背部宽阔、呈方形

尾长，从尾根到尾尖逐渐变细

后腿长，肌肉十分发达且有力

前腿长、直立，骨骼结实

| 寿命：9~15 年 | 成犬身高：68~76 厘米 | 成犬体重：27~32 千克 | 主要用途：狩猎犬 |

爱尔兰猎狼犬

温顺、安静、友善

爱尔兰猎狼犬是世界上最高大的犬种之一，气势威严，常被用来捕狩狼、麋鹿、野猪等动物。它是力量和速度的完美结合，肌肉相当发达，整体结构优雅，并且视觉敏锐，动作轻松活跃，头部与颈部高昂，尾巴上翘，末端形成轻微的曲线。爱尔兰猎狼犬性情温顺，只有在捕斗时才显现出强悍的一面。爱尔兰猎狼犬能够适应寒冷的气候，容易与别的犬相处，它聪明、善良，和小孩在一起让人放心。爱尔兰猎狼犬适合野外生活，不适合城市生活。爱尔兰猎狼犬需要足够的活动空间，适合居住在郊区且居住环境宽敞的人饲养。

眼睛颜色深，两眼间有很小的凹陷，距离不宽

被毛杂乱，尤其是眼周和下颚的被毛较长

饲养指南： 爱尔兰猎狼犬的身体需要摄入充足的维生素 E、维生素 D，因此，可在其食物中适当添加一些煮熟的蛋黄、瘦肉、海藻、蔬菜及植物油等。多给爱尔兰猎狼犬喂食含有蛋白质的饲料，可以让它的被毛更加光滑。爱尔兰猎狼犬喜欢奔跑，因此，需要宽敞的活动空间。爱尔兰猎狼犬可以经常晒太阳，主人需要每天给它梳理被毛。

产地血统： 爱尔兰猎狼犬原产地在爱尔兰，它来源于古老的皇室犬，具有古代捕狼犬和苏格兰猎鹿犬的血统。

脚趾呈圆拱形，紧凑，趾甲非常结实且弯曲

尾巴长而略微卷曲，中等粗细

历史起源： 爱尔兰猎狼犬起源于公元前 100 年，起初主要用于捕狼。19 世纪，爱尔兰猎狼犬濒临灭绝，后来和苏格兰猎鹿犬杂交，其数量才有所恢复。

口鼻部长，中等大小

头部长，前额前端的骨骼轻微突起

颈部非常结实，且肌肉发达，呈圆拱形，喉咙处无赘肉或松弛的皮肤

胸部非常深、宽阔

前腿肌肉发达，整个前腿非常结实，且相当直

后腿飞节位置低，既不向内弯，也不向外翻

寿命：6~8 年 | 成犬身高：71~90 厘米 | 成犬体重：40~55 千克 | 主要用途：狩猎犬

寻血猎犬

又称圣·休伯特猎犬 / 温顺、和善、忠诚

寻血猎犬的嗅觉很灵敏，具有长时间追踪猎物的能力，即使是超过 14 天的气味，寻血猎犬也可以追踪到，还曾创造过连续追踪气味 220 千米的纪录。寻血猎犬在平时安静而顺从，与人类相处时忠诚且善良。不喜欢吵闹，天生有点羞怯，对主人的批评和赞扬同样敏感。寻血猎犬容易和人相处，可以和孩子融洽相处，适合家庭饲养。寻血猎犬每天需要大量的运动和足够的空间，适合居住环境宽敞的人饲养。寻血猎犬是一种很好的追踪犬，适合在军、警界使用。

饲养指南：寻血猎犬需要适时补钙，可每天食用新鲜的肉类、蔬菜及饼干等。忌食巧克力、生肉或未完全煮熟的肉类。寻血猎犬容易发胖，主人注意要让它少吃多餐，还要给它提供充足的饮用水。寻血猎犬需要进行大量运动，尤其喜欢追踪游戏，这不仅符合它的天性，也可以起到训练的目的。同时，还应该让它养成有规律的生活起居习惯。寻血猎犬用餐后一小时内不宜剧烈运动，否则容易引发肠胃疾病。寻血猎犬有浓密的毛发，主人必须定期帮它梳理，以免打结成团，堆积灰尘和污垢。

产地血统：寻血猎犬的起源不清楚，但是据说它在 2000 多年前就出现了。公元前 3 世纪，艾力恩在他的《动物历史》中就提到过这种犬。8 世纪时，寻血猎犬被用作狩猎犬，当时它的名字叫圣·休伯特猎犬。1066 年，威廉王把它带到英国。后来在英国进行了改良，出现了现今的寻血猎犬。12 世纪，教会主教们培养寻血猎犬作为交通工具使用，因此它们的血统一直保持得很好。

历史起源：寻血猎犬原产地在比利时，是最古老的嗅觉系猎犬之一。如今，寻血猎犬不仅作为猎犬受到人们青睐，还因灵敏的嗅觉而被用作警犬和搜救犬。

眼睛深陷在眼眶里，眼睑呈菱形或钻石形

耳朵薄而软，特别长，位置十分低

前腿直立且骨骼大，肘与身体成直角，脚强健，趾关节发育良好

脚趾拱起，脚垫结实

头骨狭长，枕骨的尖顶非常突出

耳朵优美地合拢下垂，末端向里向后卷曲

颈部长，肩部肌肉发达而且向后倾斜，肋部弹性很好

后躯结实，肌肉发达

背和腰强健，腰深陷而略呈弓形

面部富有大量松弛的皮肤，几乎每一个部位都显得过多

浓密的双层被毛

| 寿命：13~14 年 | 成犬身高：58~69 厘米 | 成犬体重：36~41 千克 | 主要用途：狩猎犬 |

法老王猎犬

又称科博特菲勒犬、猎兔犬 / 聪明、友善、亲切

　　法老王猎犬血统高贵，属于古老的犬种，整体轮廓鲜明，线条优美。它感情丰富，顽皮的同时不失警惕性。它非常忠诚，视觉和嗅觉都很敏锐，狩猎能力强。喜欢和孩子嬉戏打闹，渴望得到人类的关注。法老王猎犬不适合在城市公寓里生活，居住环境宽敞的人可以饲养它。法老王猎犬需要大量运动，适合爱运动的人饲养。

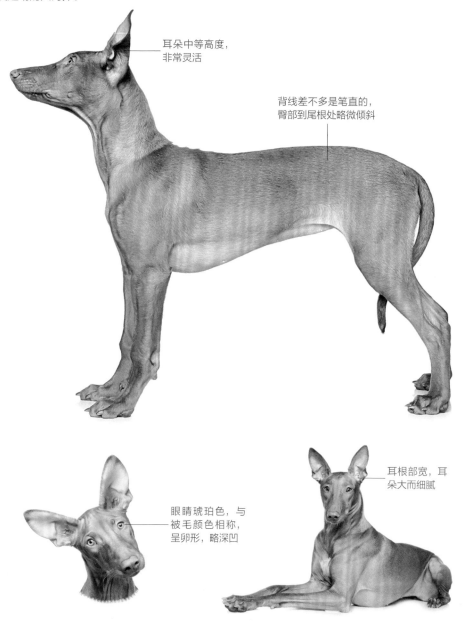

耳朵中等高度，非常灵活

背线差不多是笔直的，臀部到尾根处略微倾斜

眼睛琥珀色，与被毛颜色相称，呈卵形，略深凹

耳根部宽，耳朵大而细腻

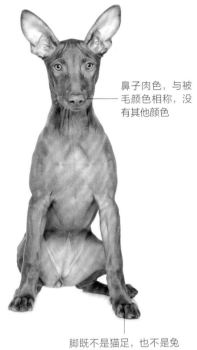

鼻子肉色，与被毛颜色相称，没有其他颜色

饲养指南：法老王猎犬每天需要足够的清洁饮用水，尤其在高温下运动后，一定要及时给它饮用凉开水，千万不能让它饮用冰水，以免刺激肠胃。法老王猎犬能够适应炎热的天气，每天都需要很大的运动量。法老王猎犬不需要经常梳理被毛。它不容易被训练，需要主人对其进行大量的身体训练。夏天，主人要及时为它清理毛发，最好每周洗澡，及时修剪毛发。还要定期帮它检查牙齿、耳朵以及趾甲。

产地血统：法老王猎犬原产地在埃及，是古埃及画像和文字中较常出现的狗狗，血统高贵纯正。

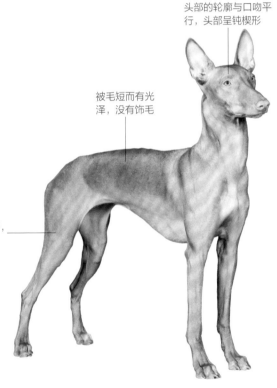

头部的轮廓与口吻平行，头部呈钝楔形

被毛短而有光泽，没有饰毛

脚既不是猫足，也不是兔足，但很结实，脚垫厚实

两后腿彼此平行，肌肉结实发达

颈部长、倾斜，肌肉发达，轻微地呈圆拱形，使头部高高昂起

历史起源：法老王猎犬起源于公元前 3000 年，是一种很古老的犬。公元前 14 世纪，埃及法老图坦卡蒙很喜欢一只法老王猎犬，狗狗死后，人们将它用亚麻布包裹后放进棺木中安葬。后来，腓尼基商人把法老王猎犬带到了马耳他。1968 年，法老王猎犬被引进英国。1979 年，马耳他政府把法老王猎犬定为国犬，并发行了刻有法老王猎犬肖像的银币。1983 年，美国养犬俱乐部正式承认了法老王猎犬。

寿命：12~14 年 | 成犬身高：56~64 厘米 | 成犬体重：20~25 千克 | 主要用途：狩猎犬、伴侣犬

伊维萨猎犬

又称依比沙猎犬、伊比桑猎犬 / **友善、忠诚、服从**

伊维萨猎犬的身体柔软性好，适合奔跑，拥有同鹿一样的气质，是优雅和力量的结合体，多才多艺且可塑性强，是很好的家庭宠物。在户外，它显示出热情和天生的捕猎本能，在复杂的地形中也能行动快速自如。凭借出色的视觉、听觉和嗅觉，它可以在夜间进行狩猎，有指示和寻回猎物的技能。伊维萨猎犬适合家庭饲养。它可以追踪猎物，具有捕猎的本能，适合野外工作者或者野外狩猎者饲养。伊维萨猎犬也适合热爱运动的人饲养。

饲养指南： 伊维萨猎犬每天应食用约 300 克新鲜肉类和等分量的麦片、饼干等干素料。伊维萨猎犬每天要饮用干净的清水 1~2 次。主人需要每隔 5~7 天为它清除一次耳垢和眼屎，并用温开水为它洗眼，预防眼疾，还应隔几天为它修剪一次趾甲。伊维萨猎犬每天都需要有充足的运动量，主人要带它去户外散步、奔跑。

产地血统： 伊维萨猎犬原产地在西班牙，是一种古老的犬类。伊维萨猎犬和法老王猎犬非常相像，有相同的祖先。

历史起源： 伊维萨猎犬起源于公元前 3000 年。公元前 700 年左右，伊维萨猎犬被商人带到西班牙的伊维萨岛，用于捕捉小动物。1979 年，伊维萨猎犬被美国养犬俱乐部承认。

耳朵大而直立

腰部轻微呈圆拱形，肌肉发达

尾巴位置低、灵活

后腿非常结实，肌肉平坦

有短毛和刚毛两种被毛

呈兔足，脚趾长、紧凑而结实，趾甲白色

眼睛小而倾斜

前腿非常长而直，结实

寿命：9~11 年 ︱ 成犬身高：57~70 厘米 ︱ 成犬体重：19~25 千克 ︱ 主要用途：狩猎犬、伴侣犬

萨路基猎犬

又称阿拉伯猎犬、猎羚犬 / 活泼、友善、忠诚

萨路基猎犬的奔跑速度很快，属于古埃及的贵族犬种。在阿拉伯国家，萨路基猎犬一般被用于捕捉羚羊，在猎鹰的指引下，这种犬会向羚羊发起进攻。它们同样会捕捉狐狸和兔子。在英国，它们的任务是帮猎人找兔子。这种犬对人的感情与生俱来，对主人的关心和依恋都很明显。萨路基猎犬聪明伶俐，性格忠诚、活泼、稳重、友善。萨路基猎犬适合有一定经济条件的人饲养，饲养时要为它提供宽敞的空间。萨路基猎犬每天一定要保证有足够的运动量，适合热爱运动且有时间陪它运动的人饲养。

饲养指南： 萨路基猎犬需要适时补钙，可用煮熟、切碎的新鲜肉类和蔬菜，与等量的熟干素料加少量水调和喂食。主人还要为它提供充足的饮用水。萨路基猎犬需要有足够大的运动场地进行训练。萨路基猎犬捕猎的欲望很强，主人带它外出时，一定要好好看管它，避免它伤害其他动物。

产地血统： 萨路基猎犬原产地在伊朗。在古埃及建筑物的墙壁上，有着和萨路基猎犬很像的猎犬图像。萨路基猎犬和阿富汗猎犬应该有相同的祖先。

历史起源： 萨路基猎犬起源于公元前3000年，属于古埃及的贵族犬种。1840年，萨路基猎犬被带到英国。1927年，美国养犬俱乐部承认了萨路基猎犬。

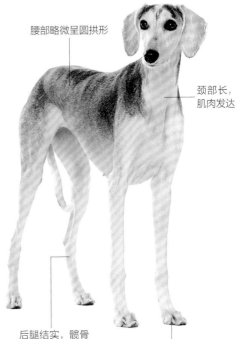

腰部略微呈圆拱形

颈部长，肌肉发达

后腿结实，髋骨分得较开，膝关节适度倾斜

脚中等长度，脚趾长且呈圆拱形，没有张开

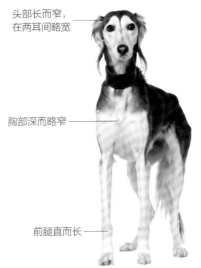

头部长而窄，在两耳间略宽

胸部深而略窄

前腿直而长

背部相当宽，肌肉发达

具有平顺而柔软的丝质被毛，腿部略有羽状饰毛

寿命：12年左右 | 成犬身高：56~71厘米 | 成犬体重：20~30千克 | 主要用途：狩猎犬、伴侣犬

俄罗斯猎狼犬

又称苏俄牧羊犬 / 友善、聪明、勇敢、忠实

　　俄罗斯猎狼犬颈部非常强壮，生性勇敢而敏捷。它们最初是用来追猎野兽的猎犬，主要依靠视觉追逐猎物，而不是像其他猎犬一样依靠嗅觉。公犬雄壮威猛，母犬则娇柔而优雅。俄罗斯猎狼犬感情丰富，常会表现出拘谨的个性，有时会有顽固的表现。居住环境宽敞的人可以饲养俄罗斯猎狼犬。它每天都要有足够的运动量，适合热爱运动且有时间陪它运动的人饲养。俄罗斯猎狼犬需要大量的训练，适合有丰富养狗经验的人饲养。

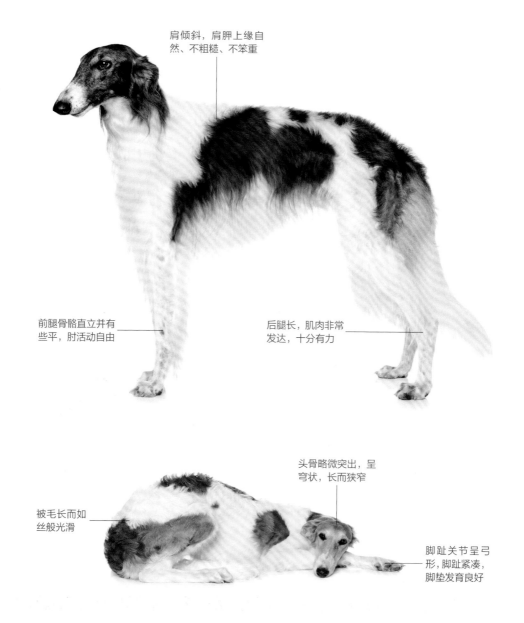

肩倾斜，肩胛上缘自然、不粗糙、不笨重

前腿骨骼直立并有些平，肘活动自由

后腿长，肌肉非常发达，十分有力

头骨略微突出，呈穹状，长而狭窄

被毛长而如丝般光滑

脚趾关节呈弓形，脚趾紧凑，脚垫发育良好

饲养指南： 俄罗斯猎狼犬的大型犬每天需喂食新鲜肉类 500~600 克，小型犬则需喂食肉类 350~400 克。肉类要先煮熟、切碎，再用等量的熟干素料或不含糖的饼干加适量水调和后喂食。俄罗斯猎狼犬需要广阔的活动空间，最好不要长时间把它单独留在室内；还需要大量训练，才能保持和增强它的狩猎技能。它喜欢追逐猫或其他动物，如果在街上行走，一定要控制好它。

耳朵小，而且质感良好，静止时位于脖子后面

胸部相当狭窄，深凹

尾巴长，低放着，呈现优美的曲线

眼眶暗黑，眼内角在鼻尖和枕骨部之间

颈部无节，略呈弓形，非常有力，适当向前倾

产地血统： 俄罗斯猎狼犬原产地在俄罗斯。俄罗斯猎狼犬和俄罗斯本土的许多猎犬进行过交配，其中包括当地的长毛牧羊犬。

历史起源： 俄罗斯猎狼犬的祖先在 700 多年前被带到俄罗斯。1842 年，俄罗斯王室赠送给英国王室几只俄罗斯猎狼犬。1889 年，威廉·韦德将一只俄罗斯猎狼犬带到美国。1891 年，俄罗斯猎狼犬在第一届克鲁夫特名犬展览会上进行了展出。

| 寿命：12~14 年 | 成犬身高：67~79 厘米 | 成犬体重：34~48 千克 | 主要用途：猎狼犬 |

阿富汗猎犬

又称俾路支猎犬、喀布尔犬 / 孤傲、威严、快乐

阿富汗猎犬属于贵族犬，能适应恶劣的环境，拥有较强的忍耐力，动作敏捷且拥有强壮的体魄，给人高贵而孤傲的印象。它前部挺直，骄傲地昂着头，喜欢用眼睛凝视远方，没有任何平凡或粗糙的痕迹。阿富汗猎犬是活泼的，缺点是有一点胆怯和刻薄，它不爱叫，难训练，对陌生人不友善。阿富汗猎犬能适应公寓的生活，家庭饲养时，注意要为它提供宽敞良好的居住空间。阿富汗猎犬适合空闲时间充裕、可以陪它运动的人饲养。

饲养指南： 阿富汗猎犬每天需喂食肉类或肉制品500~600克，并加等量的饼干或熟干素料，但因它体形大又好动，因此，可适当增加食物的供给。不能给阿富汗猎犬喂食海鲜、洋葱、大葱、辣椒等食物，否则会危害它的健康。主人应每天坚持用梳子给它梳理被毛，可防止打结和预防脱毛。如果发现它的被毛打结，切忌用手去抓，要用针一点一点地挑开。

产地血统： 阿富汗猎犬原产地在中东地区，可能是萨卢奇犬的后代。

历史起源： 阿富汗猎犬的起源不是很清楚，它最早的画像出现在1813年。1886年，阿富汗猎犬进入英国。1926年，英国人将阿富汗猎犬介绍到美国。1926年，阿富汗猎犬在美国养犬俱乐部进行了登记。1938年，美国阿富汗猎犬俱乐部成立。1940年，美国阿富汗猎犬俱乐部举办了第一个展览会。

在头顶上有长而呈丝状的"头发"

眼睛呈杏仁形，颜色深

耳朵长，被长而丝状的被毛所覆盖

颈部有足够的长度，结实且呈圆拱形，与肩部连接呈曲线

鼻子大小合适，呈黑色

头部长度适中，显得非常精致

尾根位置不过分高，呈环状或末端弯曲

前腿直而结实，从肘部到骹骨的长度很长，肘部贴合身体

脚趾呈圆拱状

头和面颊显得均匀和谐

被毛修长、浓密，不需要修剪或修整

脚上覆盖着浓厚的长被毛，质地精细

寿命：12~15年 | 成犬身高：61~74厘米 | 成犬体重：20~27千克 | 主要用途：视觉猎犬、伴侣犬

兰西尔犬

又称黑白纽芬兰犬 / **机敏、友善**

兰西尔犬拥有长且沉重的被毛，经常被用于搜救工作。它是忠实的伴侣犬，也是优秀的工作犬。兰西尔犬具有多种用途，无论在陆地还是水中，它都可以拖动重物，还曾在水域救援工作中表现出惊人的能力。兰西尔犬性情友善、机敏、温和，很适合家庭喂养，适合和小孩子为伴。

饲养指南： 由于兰西尔犬与人的体形大小、饮食习性、机体代谢存在很大差异，它们对各种营养素的需求量也与人的完全不同，所以不要随便给它喂食人类的营养品。兰西尔犬断奶之后，要喂食一些含有丰富蛋白质的食物，以增强它的抵抗力。兰西尔犬需要的运动量较大，主人需要每天带它出门运动。兰西尔犬的被毛需要经常梳理。兰西尔犬比较耐寒，容易训练。

产地血统： 兰西尔犬原产地在德国。很多育犬人认为，兰西尔犬是纽芬兰犬的变种。

历史起源： 19世纪，纽芬兰犬有多种不同的外貌，后来逐渐融合成两种，一种是现代纽芬兰犬，另一种就是兰西尔犬。兰西尔犬的名字来自艺术家伊文·兰西尔爵士，他曾在一幅油画中描绘了正在救险的兰西尔犬。

头部稍大，面部毛较短

颈部稍呈椭圆形，强而有力

腿部骨骼健壮，粗而强壮，擅长游泳

背直而阔、强健

臀阔而圆

尾巴有力、多毛，下垂至跗关节

被毛长、光滑、柔软

上下颚大而有力

寿命：9~11年 | 成犬身高：66~71厘米 | 成犬体重：50~68千克 | 主要用途：工作犬、守卫犬、伴侣犬

罗德西亚背脊犬

又称非洲猎狮犬 / 聪明、友善、沉稳

　　罗德西亚背脊犬可以适应条件艰苦的环境，24小时不喝水也能坚持，能够忍耐非洲内陆极大的温差，是非常优秀的群猎犬。它们会被成群使用来追逐稍大型的动物，其耐力和灵活程度都让人敬佩。罗德西亚背脊犬气质威严，对陌生人会有所保留，可作为警卫犬饲养，也可作为家庭犬饲养。罗德西亚背脊犬个性忠诚、沉稳，对熟人友善，不容易被训练，也不容易和别的犬相处。

饲养指南： 罗德西亚背脊犬每天需喂食肉类或肉制品500~600克，并加等量的饼干或熟干素料。罗德西亚背脊犬的喂食要定时、定点、定量，以让其养成良好的饮食习惯。罗德西亚背脊犬生性好动，运动量很大，主人要每天带它出去运动。每周应为罗德西亚背脊犬梳理被毛两次。它气候适应性较强，可以适应不同的气候。

产地血统： 罗德西亚背脊犬原产地在南非，是由被欧洲人带到南非的寻血猎犬、獒犬及各种梗类犬与当地现已灭绝的野生猎犬杂交培育而来的。

历史起源： 罗德西亚背脊犬起源于19世纪。1922年，津巴布韦制定了罗德西亚背脊犬的标准。1955年，罗德西亚背脊犬被美国养犬俱乐部注册承认。

头部长度恰当，头顶平坦

耳朵位置略高，中等大小，根部略宽，逐渐变细，尖端圆

被毛短而浓厚、有光泽

后腿肌肉发达、整洁，飞节清晰，且位置低

脚紧凑，脚趾呈圆拱状，脚垫圆、坚实而有弹性

肩胛倾斜、整洁，肌肉发达，显示出速度感

眼睛呈圆形，颜色与身体颜色协调，两眼间距略大

背上的逆毛非常清晰，两端略细，对称生长

口吻长，深而有力，嘴唇整洁，紧紧包裹着颌部

鼻子呈黑色、褐色，与整体颜色协调

尾巴结实，一般尖端略细，位置适当，呈轻微向上的曲线

寿命：12~13年 ｜ 成犬身高：60~69厘米 ｜ 成犬体重：30~39千克 ｜ 主要用途：狩猎犬、警卫犬、伴侣犬

秋田犬

又称日本秋田犬、日系秋田犬 / 忠顺、机智、沉着

秋田犬个性稳重温顺，对主人和家庭非常忠实，因而大受欢迎。但是它仍然保留有少许的猎性和斗性，见到小动物会去追逐，看到其他犬会有攻击性，体形越大，攻击性就越强，尤其公犬表现特别明显。秋田犬需要单独饲养，适合没有其他宠物的家庭。秋田犬的价格略高，饲养成本也高，适合有一定经济基础的人饲养。

饲养指南： 秋田犬每天应用煮熟、切块的肉类 500 克左右，与等量的麦片、饼干等素饲料混合后喂食，肉类最好选用脂肪含量较少的牛肉、羊肉及猪瘦肉等。秋田犬在春季被毛脱落较多，因此，要经常为其梳理以促进更新。每半年要为其清理一次牙齿，以防牙垢积留太多而形成齿槽脓漏。秋田犬不能一直待在室内，要多带它出去运动。秋田犬的洗澡水温度在 36~37℃，不能过高或者过低，洗澡要在上午或者中午进行。

耳稍小，呈厚三角形，稍向前倾，直立

颈部肌肉丰满，比较短，越靠近肩部越宽

胸深而肋骨发达，前胸发达，腹部适当收紧

被毛色有赤色、白色、有斑点的、芝麻色、虎斑、杂色的

产地血统： 秋田犬原产地在日本。秋田犬的祖先是山地狩猎犬，它是由猎犬和秋田地区的土犬交配后产生的。

历史起源： 1603 年，秋田犬开始出现在日本秋田地区。明治维新时期，秋田犬几次濒临灭绝。1927 年，日本开始保护纯种秋田犬。1931 年 7 月，日本政府将秋田犬定为国犬。1937 年，海伦·凯勒将秋田犬带到美国。1956 年，美国秋田犬俱乐部成立。1972 年 10 月，美国养犬俱乐部正式承认秋田犬。1973 年 4 月 3 日，秋田犬正式参加美国养犬俱乐部的工作犬展出。

眼稍呈三角形、深凹，外眦稍上方呈深褐色

牙齿有力，以剪状咬合为好

前腿粗而壮实，系部稍有倾斜，脚趾圆而大、紧凑厚实

背部直，腰部强韧

尾巴大而丰满，尾根高，卷力强

后腿发达，强韧有力，踏地力强

被毛刚直，下部密生绵毛，臀部稍长，尾部被毛较其他部分长

寿命：10~12 年 | 成犬身高：60~73 厘米 | 成犬体重：34~50 千克 | 主要用途：狩猎犬、伴侣犬

杜宾犬

又称笃宾犬 / 胆大、敏感、坚决

　　杜宾犬的智商很高，身体强壮有力，可以从事警卫工作，经过训练后，可成为搜索犬、狩猎犬和牧羊犬。杜宾犬长相文雅，气质高贵，个性活泼，勇敢而忠诚，机敏而坚定、顺从。整体线条平滑而流畅，体重和力量惊人，因其具有攻击性，应专门对其加以训练。杜宾犬不容易和其他犬相处，需要单独饲养。

眼睛呈杏仁形，位置适度凹陷，眼神显得活泼

腰部宽且肌肉发达

胸部宽阔，前胸适当隆起

平滑的被毛，短、硬、浓密且紧贴身体

耳朵通常是剪耳，而且竖立

头部长而紧凑，
头顶平坦

后腿大腿长且宽，肌肉发达

脚拱起、紧凑，
类似猫足

饲养指南：杜宾犬的食物包括新鲜牛肉、谷类、蔬菜，以及蛋黄、羊奶等，此外，还应添加啤酒酵母等富含维生素的添加剂。主人要为杜宾犬准备充足的饮用水。吃剩下的食物不要继续让狗狗吃，以免滋生细菌危害它的健康，另外，要让它少吃多餐，避免肥胖。杜宾犬耐热怕冷，主人要经常为杜宾犬梳理被毛，每周要为它洗澡2~3次。

尾巴为脊椎的延伸，在大约第二节尾骨处切断

颈部骄傲地挺着，
肌肉发达且紧凑

前腿不论从正面还是侧
面看都是笔直的，两前
腿彼此平行且有力

产地血统：杜宾犬原产地在德国。一位名叫弗雷德里希·路易斯·多伯曼的德国税务官想养一条忠诚凶猛的护卫犬，但没有找到合适的品种，于是他用老式德国牧羊犬、德国平犬、魏玛犬等多种犬杂交培育出一个新品种犬。之后，曼彻斯特梗、灵缇等犬类被引入这种犬的繁育中，并最终形成了现在的杜宾犬。

历史起源：杜宾犬起源于19世纪。1900年，杜宾犬被正式承认，并制定了关于杜宾犬的标准。第一次世界大战后，杜宾犬进入美国。1921年，美国成立了杜宾犬俱乐部。

寿命：10~14年 | 成犬身高：68~72厘米 | 成犬体重：40~45千克 | 主要用途：工作犬、伴侣犬

纽芬兰犬

温顺、可爱、忠诚

纽芬兰犬被毛双层，看起来沉重且夸张，但是被毛很平顺，可以实现高密度防水。纽芬兰犬身形雄壮，可用于拖拽渔网、牵引小船、救援、驮运货物等工作。其性情温和，既不笨拙，也不凶猛，是值得信赖的伴侣犬。纽芬兰犬没有坏脾气，性情温文尔雅，温顺可爱，对主人很忠诚，很憨厚，不会争强好胜。纽芬兰犬可以和小孩做伴，适合在农村或者郊区饲养。纽芬兰犬每餐都要有新鲜的肉类和蔬菜，饲养成本比较高，适合有一定经济基础的人饲养。

饲养指南： 纽芬兰犬的幼犬在 3 个月以内可喂食稀饭、羊奶或豆浆，并可适量添加切碎的鱼、肉类以及煮熟的青菜等。纽芬兰犬运动量大，需要补充大量的肉食。纽芬兰犬的喂食需要定时、定点、定量，养成其良好的饮食习惯。纽芬兰犬比较怕热，因此，应保持其周围环境的凉爽。纽芬兰犬的被毛需要定期梳理。

头部魁梧、宽阔，头骨略拱

背部结实、宽阔，肌肉发达

臀部宽，略倾斜

产地血统： 纽芬兰犬的原产地在加拿大东海岸的纽芬兰岛。关于纽芬兰犬的血统有多种说法：一些人认为印第安野狗是纽芬兰犬的祖先，另一些人认为纽芬兰犬和拉布拉多猎犬有血缘关系，也有人认为它们具有大白熊犬或雪橇犬的血统，还有人觉得纽芬兰犬是由欧洲獒犬和纽芬兰当地犬杂交产生的。

历史起源： 纽芬兰犬起源于 18 世纪。1919 年，一只纽芬兰犬因出色的救援而被授予金质奖章。第二次世界大战期间，纽芬兰犬给军队运送过粮食和武器。

尾巴无扭曲，尾根部宽而结实

耳朵相对小，呈三角形，尖端略圆

胸部丰满而深

脚大小适宜，有蹼，似猫足

眼睛深褐色，相对较小

颈部结实、强壮、较长

后腿有力，肌肉发达、骨量充足

寿命：9~15 年 | 成犬身高：66~71 厘米 | 成犬体重：50~68 千克 | 主要用途：工作犬、伴侣犬